茶と琉球人

武井弘一
Koichi Takei

岩波新書
1700

はじめに

お年寄りから子どもさんを抱えて大変でしたね。
戦争が終わるまでは、ここでごゆっくりなさい。

疎開の決断

もう七〇年以上も前のことだ。一九四四年九月八日、沖縄県那覇市の教師であった古堅ユキ（当時三二歳）は、母と幼い娘二人を連れて旅立った。船、そして列車を乗り継いで向かったのは、熊本県南部の山懐にいだかれた渡村《わたり》（現熊本県球磨村）である。

駅に着くと、村長らたくさんの人たちの出迎えを受けた。宿泊することになったのは寿泉寺《じゅせんじ》である。村を一望できる高台にある、その寺に案内されると、婦人会の方たちは、〝茶〟の接待や、大きなおにぎり、漬物、ナスの味噌汁という、心からのおもてなしで彼女たちを迎えた。そこで涙をふきながら、冒頭の言葉で慰めてくれたという。

「戦争」というのは、約三年前から始まっていたアジア・太平洋戦争（一九四一―四五）のことをさす。この時点で、日本軍はアメリカ軍に制空・制海権を奪われており、七月にはサイパン島で日本軍が全滅するなど、戦局は悪化の一途をたどっていた。すでに那覇市の学校も兵隊の宿舎となっており、沖縄が戦場と化すのは、もはや時間の問題だった。

ユキの夫も、那覇市の教師であった。国家存亡の危機に沖縄が戦場となってしまえば、女や子どもは足手まといとなってしまう。まさにサイパンが陥落しようとしていた七月には、政府・軍・沖縄県などとのあいだで、一〇万人を日本本土と台湾へ疎開させる方針が決まってもいた。それならば疎開した方が、独り身となる夫は十分に職務を果たせるのではないか。夫を沖縄に残すことに少しもためらいを感じることなく、ユキは本土へ渡る決意をかためた。

しかし、海を渡ることが恐ろしくて、疎開の決心がつかず、とりやめる者も多かった。八月二二日、吐噶喇《とから》列島の悪石《あくせき》島付近で、学童ら一七〇〇人以上を乗せて沖縄から九州へ向かっていた貨物船の対馬丸《つしままる》が、アメリカ軍潜水艦の魚雷攻撃を受けて沈没していたからである。海路が危険であることを覚悟したうえで、それでも彼女は船に乗ることにした。「いい子になって早く帰っておいでね」。那覇港に見送りにきた夫は、娘たちをかわるがわる抱き上げ、そう言って別れのほおずりをした。

疎開先での暮らし

那覇を発した船は鹿児島に停泊し、そこから那覇市教員団の家族で小・中学生のいる家族は熊本県人吉《ひとよし》市へ、子どもの小さい家族は人吉市の隣の渡村へ向かうことが決まった。幼い娘を抱えたユキは、だから列車に乗って渡駅で降りたのである。この頃になると生きる希望の灯がともされたのか、少し心も明るい。

「あゆ」で名高い日本三大急流の球磨川《くまがわ》が流れ、美しい高い山々にかこまれた温泉の街・人吉盆地、この球磨《くま》地方に戦争終結まで生命を託する安心感で胸が一ぱいになってきた。

「球磨地方」とは、人吉市と球磨郡一帯のことをさす。そのなかの渡村で、一緒に疎開してきた一三家族との共同炊事が始まった。米・味噌・野菜などの食料は、農家や役場から渡されていた。それでも物資は足りない。製材所から廃材をもらって炊事用の燃料にし、稲刈りや野菜の収穫の手伝いをすることで、賃金のかわりに米や野菜をもらってしのいだ。

沖縄を出発して約一か月がたった一〇月一〇日のこと。防空と消防のために組織されていた警防団から、こんな知らせが届く。「南西諸島は大空襲されています」。ところが、当時の地図には南西諸島という名称が記されておらず、広く知れわたっていた地名ではなかった。だから、アメリカ軍による空襲の話をされても、いったいどのあたりのことかもわからず、まさか自宅のある那覇市への大空襲だったとは、まったく思いもつかなかったという。

やがて教員であった経験をかわれ、約一〇〇名も疎開した学童がいる人吉市の学校に勤めることに。渡村での滞在は二週間ばかりで、それからは人吉市に住むようになるものの、まもなく球磨地方でも空襲があいついだ。

敗戦、そして沖縄帰還

疎開してから半年後、ついに沖縄戦が始まった。一九四五年三月二六日、アメリカ軍は慶良《けら》間《ま》諸島へ上陸し、六月二三日までの約三か月間も組織的な戦闘は続く。おびただしい砲弾が飛びかったさまは、「鉄の暴風」とたとえられる。ユキが疎開の決断をくだしたことで、結果として凄惨をきわめた戦場を逃げ惑わずにすんだ。

八月六日の広島、九日の長崎での原爆投下は、「新型爆弾」と報じられ、ひっくりかえるような騒ぎとなった。一五日の、いわゆる玉音放送を直立不動で聞いた学校の全職員は、無気力状態となって帰宅した。しかし、いつどうやって沖縄へ帰ればよいのかという不安感と、もう空襲がないという安心感とで、ユキの心境は割りきれない。

敗戦すると、日本は連合国に占領され、非軍事化・民主化を目標にした統治が進められていく。たとえば、人吉市の学校でも、教科書のなかで軍国主義的な記述があるところは、墨で塗りつぶされることになった。これまで大切に使っていた教科書が黒く染まっていくのを、あどけない児童たちはけげんな顔で見ていた。秋の終わり頃には、民主教育の講演があるので全職員が集められた。アメリカの将校が話す英語を日系二世が通訳するものの、テーブルにふんぞりかえって話す将校の姿だけが印象にのこり、民主教育について得るものなど何もない。

翌年の秋、人吉市に住んでいた約二千名もの疎開者は、専用列車で南風崎《はえのさき》駅（現長崎県佐世保市）へ向かい、その近くの港からアメリカの輸送船に乗って沖縄の久場崎《くばざき》港（現沖縄県中城村）に着いた。しかしそこに、ユキが待っていると信じていた夫の姿はなかった。那覇を出港する前、娘たちが帰ってくることを、あれほど願っていたにもかかわらず、である。

沖縄戦での戦没者は、一般住民もふくめて二〇万人以上にものぼった。夫も、アメリカ軍の火焔放射器で命を失っていたのである。あの那覇港での見送りが、夫婦として、そして親子としての最後の別れだったのだ。さらに、これからアメリカ軍支配下での、戦後沖縄での苦しい生活が待ち受けていた。

なぜ近世琉球の〝自立〟を問うのか

沖縄では、今から約六世紀も前の一四二九年に、琉球国《りゅうきゅうこく》という独立国家が成立するものの、中国、日本、そして戦後はアメリカの支配下におかれた。

上述したのは、じつは日本からアメリカの統治下へ移り変わろうとする、激動の時代を生きのびた人の証言だったのだ。わずか二年間の体験談にすぎない。それでも、大国の狭間で揺り動かされる沖縄と、それに翻弄されながら生きる人びとのありようが、ビビッドに伝わってこよう。ひょっとしたら、そういう状況は今日まで続いているのかもしれない。しかし、ここから、こんな疑問がうかぶ。

はたして歴史上、琉球・沖縄は自立していたことはあったのか。

仮に自立していたことがあったとすれば、その〝自立〟とはどのような状態をさすのか。

大上段な問いかもしれない。それでも、この答えを導きだすため、本書では「近世琉球」という時代に注目したい。

琉球・沖縄の歴史では、近世琉球という時代区分は、一般的に今から約四世紀前の一六〇九年に薩摩《さつま》国(現鹿児島県)の島津氏によって琉球国が侵攻されてから、その琉球国が明治新政府によって解体されて一八七九年に沖縄県が設置されるまでの二七〇年間をさす。これほどまでの長い期間、琉球国自体は存続しているものの、実質的には島津氏が大名として君臨する薩摩藩の支配下におかれていた。

しかも、琉球・沖縄が他国の支配下にあった期間のなかで、薩摩藩の支配下におかれていた、この期間がもっとも長い。それは全体のなかで半分も占め、中国の支配下におかれた期間と比べてみても一・五倍、アメリカの支配下にあった期間と比べてみても一〇倍と、圧倒的に長い。そうであるからこそ、薩摩藩の支配下におかれていた近世琉球の〝自立〟を問う意義がある。

沖縄と茶

とはいえ、薩摩藩＝支配者、琉球国＝被支配者というのはわかりきった構図なのだから、そこで琉球の〝自立〟を問うたとしても無意味である。そんな反論もあろう。それでも本書では、

〝茶〟というモノを手がかりに、上記の問いの答えを探したい。

茶は、茶の木から若葉などを摘み、それを製して飲料として用いられている。緑茶であれば、茶葉に湯をそそいで用いるのを煎茶《せんちゃ》、粉にして湯を混ぜて用いるのを抹茶(挽茶《ひきちゃ》)という。最近は手軽に飲めるペットボトル飲料が普及しているが、家庭であれば、のどがかわいた時などには煎茶を飲むであろう。来客時には、その煎茶がおもてなしと化す。さきの沖縄からの疎開者が球磨地方に到着した時に、まず〝茶〟の接待を受けたように……。

南国の沖縄でも、茶を飲む風習はある。現在であれば、「サンピン茶」とよばれる、ジャスミンの香りのついた茶がペットボトルなどで販売されており、暑い季節には冷やして飲むことが多い。沖縄を観光で訪れ、もの珍しさもあいまって購入された方がいるかもしれない。しかし、ペットボトルや、それを冷やす冷蔵庫がなかった時代はどうだったのだろう。

沖縄の歴史・民俗についての先駆的な研究者のひとりに、比嘉春潮《ひがしゅんちょう》(一八八三—一九七七)がいる。茶について、彼はこんな風習があったと明かす。

沖縄の人は、非常によく茶を飲む。一日じゅう茶を飲んでいるといってもよいくらいである。朝起きると朝茶、午後はひるま茶。……夜は夕食後に家族そろって、あるいは近所の人が寄って来て、茶を飲みつつ雑談をする。

ここに記された風習は、明治時代(一八六八―一九一二)中期のことといえよう。この頃には沖縄県が設置されているので、それ以前の近世琉球の話ではない。それでも、これほどまで沖縄で茶が普及していたことをふまえれば、〝茶〟をクローズアップしてみると、思いがけずに意外な史実、いや新たな琉球の国のカタチが見えてくるかもしれない。

はたして、近世琉球で、いったい〝茶〟はどこで生産され、どのように流通して消費されていたのか。これから琉球国の人びと、すなわち琉球人の実像を追いながら、近世琉球の〝自立〟を問うことにしよう。

＊本書では、琉球国の人びとのことを「琉球人」と表記する。これは近世琉球において、この呼び名が使われていたからである。史料などを掲載するにあたっては、読みやすさを考慮して、原文ではなく全体の意味やニュアンスをくみとった意訳を示し、適宜、句読点などを付すことにした。登場人物の敬称を省略したこともお断りしておく。

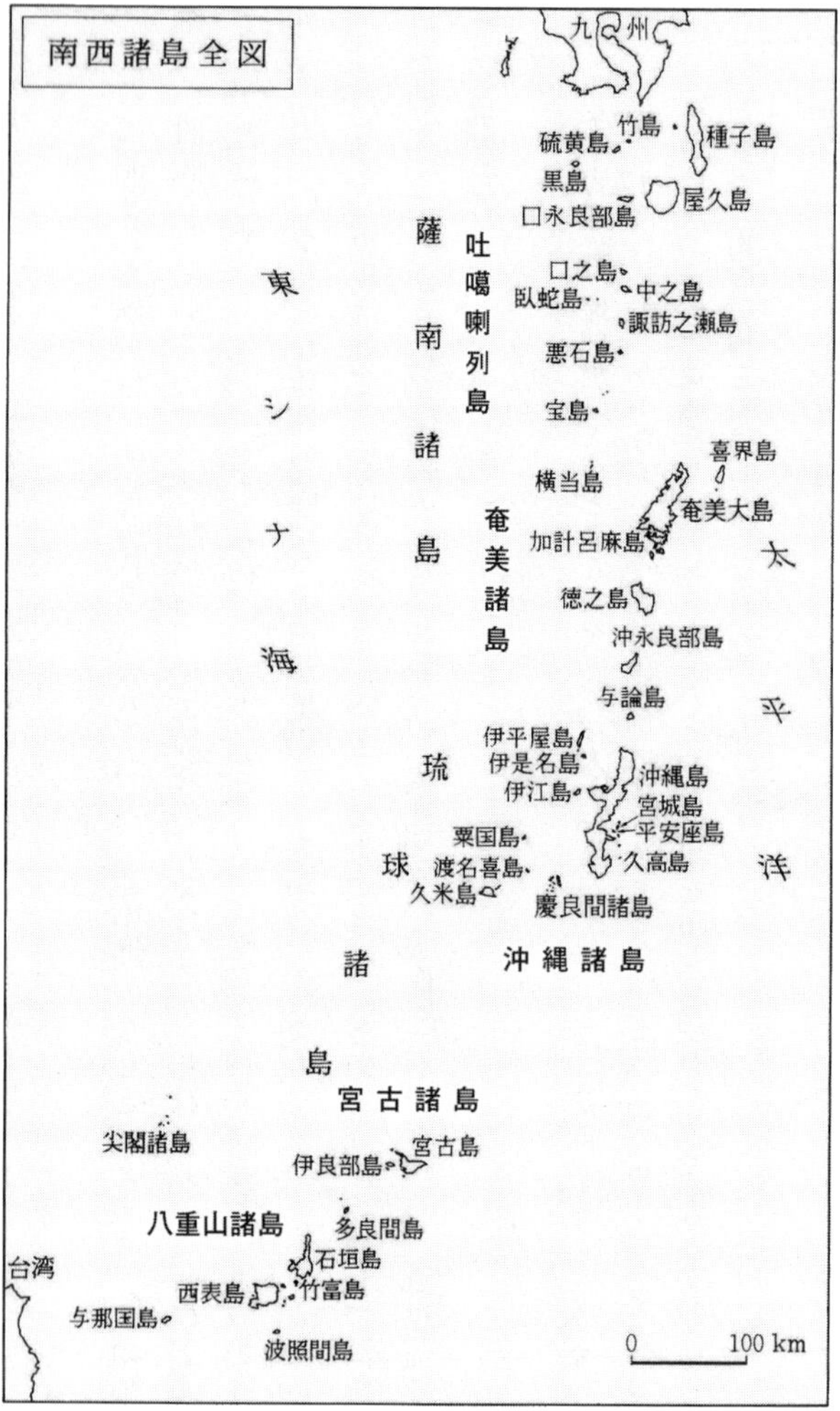
南西諸島全図
九州
竹島
種子島
硫黄島
黒島
屋久島
口永良部島
薩南諸島
吐噶喇列島
東シナ海
口之島
中之島
臥蛇島
諏訪之瀬島
悪石島
宝島
喜界島
横当島
奄美大島
奄美諸島
加計呂麻島
太平洋
徳之島
沖永良部島
与論島
伊平屋島
伊是名島
沖縄島
伊江島
宮城島
琉球諸島
粟国島
平安座島
渡名喜島
久高島
久米島
慶良間諸島
沖縄諸島
宮古諸島
尖閣諸島
宮古島
伊良部島
八重山諸島
多良間島
石垣島
台湾
西表島
竹富島
与那国島
波照間島
0
100 km

目次

各章の扉について、民話は「わらしべ長者」(おきなわの民話百選刊行委員会編『おきなわの民話百選』、沖縄県生活福祉部児童家庭課、一九九六年)をもとに記し、挿し絵は「八重山蔵元絵師画稿集」(石垣市立八重山博物館所蔵)を出典として掲載している。

序章 近世琉球の幕あけ

一人ぼっちの少年が、
母の形見の藁《わら》を持って歩いていた。
藁を欲しがる味噌《みそ》売りに頼まれて、
少年は味噌と交換した。
金物を修理する鋳掛屋《いかけや》が、
味噌がないと困っていた。
鋳掛屋に頼まれた少年は、
味噌と鉄の塊とを交換した。

1　足元からみた琉球国

庶民の生きた証を奪った沖縄戦

慶良間諸島の連なる東シナ海を背にしながら、東へ向かって浦添城跡《うらそえじょうあと》(現沖縄県浦添市)を登っていく。頂上へ向かう道を左奥にそれれば、**図序-1**で示した王の陵墓である浦添ようどれが復元されている。ここは沖縄戦で壊滅的な被害を受けた。

一九四五年四月一日、アメリカ軍は沖縄島(以下、沖縄本島と記す)の中部に上陸して戦闘が始まった。日本軍は南部の首里《しゅり》(現那覇市)に拠点があったので、アメリカ軍は南下をし始める。すると、首里防衛の最前線のひとつとして、前田高地では死闘がくりひろげられた。浦添城跡もふくむ前田高地は、北側は断崖で中部を見下ろすことができる。逆に南側の麓には浦添村役場があり、遠くには首里も見える。要するに、ここは、中部のアメリカ軍と首里の日本軍という二つの状況が見てとれる、戦略上の要衝でもあったわけだ。

前田高地を手中におさめたならば、戦局はいっきに有利に進む。四月下旬から二週間におよ

図序-1　浦添ようどれ

ぶ、日米両軍のすさまじい争奪戦が始まった。日本軍だけではなくアメリカ軍でも多くの犠牲者を出し、浦添の住民のうち、およそ二人に一人が犠牲となった。死闘を制したアメリカ軍は荒れ野と化した前田高地を占領し、一方、首里の日本軍は南部へ撤退してゆくことになる。

　沖縄の言語・文学・文化の研究をした外間《ほかま》守《しゅ》善《ぜん》（一九二四—二〇一二）は、この激戦に兵隊としてくわわり、死と紙一重のなかで命をつないだ。それから傘寿をすぎて、重い口を開いた。

　首里の軍司令部が南部撤退をせずに首里高地を最後の抵抗の地としていたら、日本陸軍の栄誉をまっとうできたであろう。また、あの南部での沖縄県民の悲劇は最小限にくい止められたはずである。首里高地の前哨戦、前田高地で戦禍をくぐってきた私としては、今なお悔やまれてならないことである。

沖縄戦では無数の命が失われただけではなく、琉球史を研究する手段も奪われた。浦添もふくめて、各地の村役場には行政書類が保管されており、それらのなかには近世琉球から引き継がれてきた記録類もあったとみられている。名もなき人たちの生きた証が、村役場にはしっかり記録として残されていたにちがいない。そういう歴史的な資料が沖縄戦であとかたもなく燃え尽き、あるいはアメリカ人が奪い去った。これらが原因となっているからか、庶民に〝光〟をあてた琉球史の研究はあきらかに手薄といえる。

だからこそ、本書では、戦禍をまぬがれた貴重な諸資料ももちいながら、庶民を主人公にすえた歴史を書き綴っていくことにしよう。

「奴隷解放」

浦添城跡の頂上へ向かうルートの話にもどろう。その道を右にそれれば、ガジュマルなどの茂みのなかに、ある学者が永遠に眠っている。伊波普猷《いはふゆう》(一八七六―一九四七)その人である。

「沖縄学の父」とも称される伊波は、琉球国がかろうじて国家としての体面をたもっていた一八七六年に沖縄で生まれた。日本がアジア・太平洋戦争で敗れて二年後の一九四七年に東京で生涯をとじ、彼を敬愛する弟子たちの手によって、のちに遺骨は沖縄に迎えられた。こういう経緯で、浦添城跡の一角に彼の墓が建っている。

日本の統治下におかれた沖縄で、伊波はこう唱えた。日本と沖縄とは、一見は民族が異なるように見えるが、本来は同じ起源をもっている、と。その沖縄と日本とが同化するチャンスは、彼がまだ幼かった頃に、すでにおとずれていた。琉球国が解体されて、一八七九年に明治新政府が沖縄県をおいた琉球処分がそれである。

それから三五年後の一九一四年に、琉球処分は「奴隷解放」であったと、彼は肯定的に評した。なぜなら、それ以前は薩摩藩の支配下におかれ、琉球人が奴隷の境遇におちいっていたからなのだという。そういう考えが正しかったとすれば、「はじめに」で述べたように、庶民が朝から晩まで茶を楽しむことなど、近世琉球ではできるはずがない。この賛否を問うためにも、本書ではなるべく庶民のリアルな姿を描き出すことにしよう。

続けて伊波は、薩摩の琉球支配の本質についても、思いの丈をぶつけた。

島津氏はせっかく戦争には勝ったが、琉球王国を破壊するようなことをせず、「王国のかざり」だけは保存しておいて、これを密貿易の機関に使ったのである。

薩摩の支配下におかれても、琉球は中国とも貿易をおこなっていた。ところが、そこからの利益を吸いあげるために、薩摩は琉球を「王国のかざり」にしておいて、密貿易の機関として悪用したというのだ。

伊波がそう唱えてから、すでに一世紀以上がたった。この間、琉球史の政治・外交の研究は着実に進み、彼の見解はすでに否定されている。それらの成果をふまえながら、琉球は薩摩の意のまま手綱をにぎられ、かろうじて国のカタチだけが残されていたのかについて、序章では検証していくことにしよう。

琉球国の成立

「奴隷解放」と時を同じくして、伊波普猷は、こんなことも高らかに宣言している。

今から三百年前(すなわち慶長《けいちょう》の役《えき》以前)の琉球人は、純然たる自主の民であった。

「慶長の役」とは、薩摩藩の琉球侵攻のことをさす。薩摩の支配下では、琉球人は生まれながらにもつ才能を発揮できていなかった。そう悔やんだからか、それ以前の琉球人は純然たる自主の民であったというのだ。

たしかに琉球人は、日本本土とは違う歴史をあゆんできた。なぜなら、琉球国という独立国家があったことは厳然たる事実であり、その国のもとで琉球人は生活を営んできたからだ。この国は、次のような歴史をあゆんで誕生した。

沖縄本島では、一三世紀頃から大型のグスクが出現する。グスクは、当初は集落や、沖縄で「拝所《ウガンジュ》」とよばれる聖域などからなっていたと考えられており、しだいに立派な石垣を構える城砦としての性格を強めていった。ここを拠点に、在地の首長たちが各地で力をつけて勢力をのばしていった。彼らのことを按司《あじ》という。

一四世紀にはいると、沖縄本島には強大な按司たちによって、山北《さんほく》・中山《ちゅうざん》・山南《さんなん》の三つの勢力圏がうまれた。それぞれの按司たちは王を称し、三者が覇権を争った。そのうち中山の拠点となったグスクが上述した今の浦添城跡で、図序-1の浦添ようどれは中山王の陵墓なのである。やがて中山から、三山を統一する英傑が登場する。尚巴志《しょうはし》(一三七二―一四三九)である。

小さな首長にすぎなかった尚思紹《ししょう》（？―一四二一）は、息子の尚巴志とともに一四〇六年に浦添城を攻めて中山王の武寧《ぶねい》（一三五六―一四〇六）を討った。さらに尚巴志は、大軍を送って山北を倒したあと、一四二九年に山南を攻め滅ぼして琉球国が成立した。浦添から首里に移った王都では、政務をおこなう役所がととのえられていった。首里王府である。琉球は中国や日本などと国交をむすび、貿易船による交易は、今日の東南アジアにまでおよんだ。

アジアのなかで、中継貿易によって繁栄をきわめる琉球国――。しかし、アジア全体ではなく、その琉球国が統治した島々、いわば琉球の足元に目を凝らしてみたい。

沖縄本島と先島諸島とのあいだ

琉球国が統治した島々がならぶ姿は、弓なりに連なり、じつに長い。北の奄美《あまみ》諸島から南の先島《さきしま》諸島までは、直線距離でおよそ八〇〇キロメートルもある。この距離であれば、東京都を起点にすると、北であれば北海道に、西であれば山口県にまでとどく。琉球国の足元として、そのなかの先島諸島（以下、先島と略す）にポイントをおいてみよう。

先島とは、宮古《みやこ》諸島（以下、宮古と略す）と八重山《やえやま》諸島（以下、八重山と略す）のことをさす。宮古は沖縄本島から南西に約三〇〇キロメートルのところに位置しているため、沖縄本島から宮古の島影を見ることはできない。一方、宮古の西にある多良間《たらま》島から八重山の石垣島までは、わずか三五キロメートルの距離である。さらに八重山西端の与那国《よなぐに》島から台湾までは一一一キロメートルしか離れていないため、気象条件がよければ与那国島からは台湾を一望できる。地理的条件としては、先島は沖縄本島よりも、台湾の方に近い。

沖縄本島と先島とのあいだには、まったく島がなく、あまりにもかけ離れている。それにもかかわらず、これらの島々に住む人びとは同じ文化をつくりながら、ともに手をとり歴史をあゆんできたというのか。今から四千年前の状況をみてみよう。

この頃の沖縄本島には、九州より南下した縄文文化が広がっていた。縄文土器が出土することが、なによりもその証拠である。一方、先島はどうかといえば、今まで縄文土器が発見された例はない。つまり、先島には、沖縄本島と同じ縄文文化は広がっていなかったのである。

ただし、八重山では、「下田原《しもたばる》式土器」とよばれる土器が出土している。初めてこの土器が見つかった波照間《はてるま》島の下田原貝塚が、その名の由来となっている。下田原式土器は、底が平らである、牛角状の取っ手がついているなどの特徴をもつ。深い鉢形の縄文土器とは、明らかに形状が違う。

つまり、沖縄本島で縄文文化の影響を受けつつ人びとが暮らしていた頃、八重山ではその文化の影響を受けない、沖縄本島とは異なる独自の文化が栄えていた。

平城京を訪れた南島の人びと

文字に残された記録からも、沖縄本島と先島との関係について迫ってみたい。日本古代の国家事業として編纂《へんさん》された歴史書の一つに、『続日本紀《しょくにほんぎ》』がある。初めに編纂された『日本書紀』についで、七九七年に完成し、おもに奈良時代の歴史がまとめられている。

奈良時代とは、七一〇年に奈良の平城京に遷都してから約八〇年間のことをさす。『続日本紀』によれば、七一四年一二月五日に、南島の「奄美」「信覚《しがき》」「球美《くみ》」などから五二人が平城京を訪問したことがわかる。その頃の日本の支配領域は本土全体にまでおよんでおらず、南へ向かっては、その前年に隼人《はやと》の住む南九州に大隅国《おおすみ》(現鹿児島県)をおいたばかりであった。南九州よりはるかに南方の島から、まさに異国の使者が訪れたということになろう。

それから約一か月がたった元日に、南島の人びとは華やかな宮中の儀式に出席して特産物を献じた。このときは、ある人物が皇太子となって、初めてとりおこなわれた儀式であった。のちに即位して東大寺の大仏を建立することで有名な聖武《しょうむ》天皇(七〇一―七五六)である。この儀式には、皇太子になったばかりの彼を強くアピールするねらいもあったことがうかがえよう。

ところで、平城京へ使者を送ったのは、どの島からなのだろう。「奄美」は奄美大島のことをさす。他方で「信覚」「球美」は、それぞれ石垣島・久米《くめ》島と比定されている。久米島は、沖縄本島から西へ向かって約九四キロメートルにあり、沖縄県で五番目に大きい島である。しかし、『続日本紀』によれば、この久米島より、はるかに大きな沖縄本島と宮古島から使者は送られていない。

久米島と宮古島とのあいだは約二〇〇キロメートルも離れている。これだけの距離が、長いあいだ文化交流をはばむ壁になったともいわれている。たとえば、上述した縄文文化も、久米島から先の宮古にはおよばなかった。また、石垣島から使者が訪れたということは、それだけ海を渡る危険性が高かったことは疑いない。そういうリスクをおわなくてもすむ沖縄本島の人びとが、なぜか使者を送っていないのだ。

奈良時代に朝廷が支配領域を広げていくなか、沖縄本島と宮古・八重山は、一体となって政治的な行動をしていたわけではなかった。

鉄製農具の問題

平城京に使者を送らなかった宮古島は、どのような情勢だったのだろう。じつは、ヒトが住んでいたのかも含めて、その頃の状況はよくわかっていない。

この島でヒトが居住していたことをはっきり示す遺跡としては、東部海岸にある浦底《うらすく》遺跡・アラフ遺跡が知られている。年代は約二八〇〇年前～一八〇〇年前と推定されており、遺跡でみれば、日本史の時代区分でいう縄文晩期から弥生時代あたりから、ようやく宮古島に人びとが住むことになったことを意味しよう。ただし、彼らは一八〇〇年前頃には、この地を離れてしまう。どこへ行ったのか、なぜ消えてしまったのか、それらの理由はよくわかっていない。

いつからふたたび宮古島に人びとが住むようになったのかを確定していくためには、たえず考古学による最新の発掘成果を待つしかない。ただし、近年では五～八世紀頃の遺跡も発見されているので、奈良時代の頃の宮古島に人びとが居住していた可能性もある。そうだとすれば、あえて使者を送らないことが政治的に決断されたということになろうか。

一四世紀になると集落が増え、人口は二千～三千人あまりと推測されている。集落が増えた理由のひとつには、農耕の発達が考えられている。農業技術の進歩に大きく貢献したのが鉄器だ。その鉄をもたらしたのは、日本本土だけではなく、沖縄本島や久米島から渡来してきた人びとだったという言い伝えがある。彼らによって鍛冶の技術も伝わり、鉄製農具が製作された結果、農業に一大革新がもたらされたという。

鉄製農具は、琉球国の農業にとって重要である。なぜなら、沖縄本島や先島では鉄が産出されないといわれているからだ。したがって、鉄製農具はとても貴重で、その原料となる鉄は本土など外部から手に入れなければならなかった。

　この鉄製農具の問題は、近世琉球の〝自立〟を問ううえでのキーポイントのひとつであり、詳しくは終章で述べることにしたい。

反旗をひるがえす者と臣従する者

一四二九年に琉球国が成立すると、その支配領域は先島にもおよんだ。

　一五世紀末～一六世紀初めに、仲宗根豊見親《なかそねとうゆみや》（生没年不詳）は国王より宮古島の統治者である頭職《かしら》に任じられ、用水路や道路を整備し、あるいは行政のしくみを整えたことなどから、「宮古治世中興の祖」として、その功績が後世にたたえられている。首里王府の庇護のもと、宮古島は安定していったというわけだ。

　一方、八重山の動向は異なっていた。一五世紀頃の八重山では、各地の首長たちは覇権を争っていた。そのなかで頭角をあらわしたのがオヤケアカハチ（？―一五〇〇）である。伝承によれば、彼は波照間島で生まれ、のちに石垣島に移り住んだという。一五〇〇年、アカハチは王府に反旗をひるがえした。なぜ立ちあがったのかといえば、もともと八重山の首長たちは、恭順の意をあらわすため、王府に貢物を献じていた。それがしだいに租税のように化したことから、これを拒否するために彼は立ちあがったという見解がある。

アカハチが反旗をひるがえしたという報を受けた王府は、討伐軍を派遣した。兵三千人あまりが大小四六隻の軍船に乗り込んで出発したという。その王府軍の供としてアカハチ討伐に協力したのが、豊見親ら宮古島勢なのだ。王府軍が石垣島に到着すると、窮地に立たされたアカハチはたじろぐどころか、険阻の地を背にして多くの兵を率いて布陣したので、いくら攻められても動じなかった。そこで軍船を二手に分けて攻めると、この急襲にアカハチ軍は大敗し、彼は捕えられて殺害された。

八重山の争乱を鎮圧したあと、王府は豊見親に対して、褒美として獅子をかたどった金銀の簪《かんざし》などを授けた。さらに親族たちは要職に任命され、たとえば次男は平定された八重山で、役職トップの頭職についた。豊見親は、八重山遠征をきっかけに、王府を後ろ盾にして、その地位を確たるものにしただけではなく、八重山への影響力も強めたわけである。

反旗をひるがえす者は軍事力で徹底的にねじふせ、臣従する者には褒賞を与えて手なずける。これが先島という足元から浮かびあがってきた琉球国の姿であった。

2　薩摩の琉球侵攻

尚真の治世

武力で八重山を制圧した琉球国の王とは、尚真《しょうしん》(一四六五—一五二六)である。歴代国王のなかで、もっとも長い五〇年も在位し、琉球国の支配体制を確たるものにした。

図序‐2に示したのが尚真である。王の肖像画は、首里の円覚寺《えんかくじ》に納められていた。尚真は仏教を尊崇し、その最大事業が円覚寺の創建で、一四九四年に完成した。ところが、沖縄戦で円覚寺が焼け落ちたため、歴代の王の肖像画すべても失われてしまう。図序‐2は、沖縄の芸術を研究した人間国宝の鎌倉芳太郎《かまくらよしたろう》(一八九八—一九八三)が、戦前に撮影していたモノクロ写真の一枚である。

では、尚真の肖像画を読み解いてみよう。家臣団に囲まれ、衝立《ついたて》の前に立っているのが尚真である。なによりも王の衣装に注目してほしい。冠も服も中国風なのだ。琉球国の王であれば、琉球オリジナルの身なりでよいはずではないか。それでも中国風の服装にしているのは、琉球が中国の冊封《さくほう》を受けているから、いいかえれば琉球が中国と君臣関係をむすんでいたからだと

図序-2　尚真

考えられている。琉球の王にとって、中国風の身なりは正装であった。

尚真については、彼の治世をたたえる多くの碑文も建てられた。その一つが、一五〇九年に首里城正殿の前に建てられた百浦添欄干之《ももうらそえらんかんの》銘《めい》である。この碑文には、彼の功績として一一点が刻まれていたが、ここでは琉球国の外交・軍事面にかかわる三点のみ紹介したい。

①中国との貿易を、三年（二年）に一度から一年に一度おこなうようにした。

②一五〇〇年の春に太平山《たいへいざん》を攻めて統治した。

③刀剣・弓矢を集めて軍備を強化した。

まず外交面について。琉球が中国の支配下におかれていたとはいっても、中国が直接支配をしていたわけではない。琉球は臣下の礼のため、明《みん》（一三六八—一六四四）へ貢物を献じ、それとともに貿易もおこなっていた。これを進貢《しんこう》貿易という。①によれば、尚真がその頻度を増やしたので、明との貿易もますます活性化したという。

次に軍事面について。②の「太平山」とは先島とみられることから、これは八重山での争乱を鎮圧したことをさす。③をふまえれば、琉球国は軍事力を高め、それを具体的に発動したのが八重山への派兵だったといえよう。琉球は、武器を廃した平和国家ではなかった。

琉球侵攻の理由

尚真の治世から約一世紀後、琉球国を圧倒する軍事力をもつ勢力が、この国をねらっていた。薩摩の島津氏である。

天下人《てんかびと》となった豊臣秀吉(一五三七―九八)は、明を征服するという東アジア支配の構想をもっていた。中国大陸への侵攻を実現すべく、一六世紀末の一五九二年に、秀吉はまず約一六万人もの大軍を朝鮮(一三九二―一九一〇)に送ることを命じた。一度は明との講和をはかろうとするものの、その交渉は決裂して、ふたたび秀吉は大軍を朝鮮に渡海させることになる。二度にわたるこの戦争のことを、日本史では文禄《ぶんろく》・慶長《けいちょう》の役《えき》(一五九二―九八)という。しかし、琉球史で「慶長の役」といえば、上述したように薩摩の琉球侵攻のことをさす。

秀吉ののちに天下人になった徳川家康(一五四二―一六一六)は、一六〇三年に征夷大将軍《せいいたいしょうぐん》に任じられ、江戸(現東京都)に幕府をひらいた。それから約二六〇年間を江戸時代という。家康は、秀吉によって断絶していた明との関係修復をはかろうと動き出す。その交渉役に、島津氏が任命されたのである。明と円滑に交渉を進めるためには、琉球国にたよるという方法もあろう。それなのに、なぜ島津氏は琉球へ攻め入ったのか。

琉球侵攻の直前の一六〇九年二月、島津側から琉球国に対して、最後通牒《つうちょう》にひとしい書状がつきつけられた。それをもとに、侵攻の理由を四つまとめよう。

①海外への関心が高い大名の亀井《かめい》茲矩《これのり》(一五五七―一六一二)が、琉球が欲しいと秀吉に訴えていた。島津氏が秀吉にそれを思いとどまらせたのに、この恩を忘れているから。

②文禄・慶長の役の時、秀吉は島津氏に、琉球にも軍事的な負担をさせるように促していた。琉球は兵糧米を島津氏に納めることになっていたが、その納入が滞っているから。

③先年、琉球の船が日本に漂着した。家康の厚意によって、船は無事に琉球へ帰ることができたにもかかわらず、その返礼をしていないから。

④琉球は家康から明との貿易再開の仲介をたのまれて、それを承諾したのに、いまだに琉球側が粗略にしているから。

だが、薩摩の当主であった島津家久《いえひさ》(一五七六―一六三八)は、これより五年前頃から琉球への出兵を計画していたらしい。深刻になってきた財政難が、その動機となった。財政危機をなんとかのりこえていくためには、琉球国の一部となっている奄美大島を占領するしかない。家久は、琉球全土ではなく、奄美大島を手にいれるために琉球侵攻を企てたのである。

二重写しの惨状

琉球侵攻のため、三月四日、島津軍を乗せた船は山川《やまがわ》（現鹿児島県指宿市）を出港した。その軍勢は三千人、兵船一〇〇艘あまりとみられている。これは、首里王府が八重山を軍事制圧するにあたっての軍勢と、ほぼ同じ規模といえよう。三月二七日、島津軍は沖縄本島の北の拠点ともいえる今帰仁《なきじん》城（現沖縄県今帰仁村）を攻撃すると、守備兵は雌雄を決しようともせず、たちまち城を捨てて逃げた。

次に島津の軍船は、沖縄本島中部の要港のひとつ、大湾渡口《おおわんとぐち》（現沖縄県読谷村）に着いた。ここから一団は陸路で、別の一団は船で南下することになる。ちなみに、一九四五年四月一日に、アメリカ軍が沖縄本島を攻略するにあたって、最初に上陸した地点が、この付近一帯であったことも補足しておこう。

陸路を南下していく一団は、浦添へ進んだ。当時の浦添城は、国王尚寧《しょうねい》（一五六四—一六二〇）の出身でもある浦添王子家の居城であった。ここを攻めて火を放ったのである。さらに南下して大平橋《たいへいきょう》（現那覇市）へ向かった。この橋を渡れば、もう首里城は目と鼻の先である。いわば首里城の生命線ともいえる、この橋を渡るのを阻止するため、約一〇〇人の王府軍が戦ったものの、島津軍に鉄砲を撃ちかけられ、あっけなく首里城へ退却した。

他方で、南下していた船団は那覇港に着いた。これで首里城は、二手に分かれた島津軍に挟まれたことになる。これは八重山を軍事制圧するにあたり、王府軍がとった戦法と同じといえよう。窮地におちいった城内では、和議をやむなしとする尚寧一派と、徹底抗戦を主張する一派とに分裂したとみられている。

結局、四月四日に尚寧は首里城を下りることにした。やがて島津軍と王府との和睦がととのい、平穏がもどったという噂がひろまると、洞窟などに逃げていた人たちが出てきた。ところが、島津軍によって住む家が焼かれ、着る物や家財も奪われた庶民は、ただ嘆くしかなかったという。歴史学者の上原兼善は、この光景について次のような苦い言葉を発した。

先の沖縄戦でガマ（洞穴）に戦火を逃れ、ようやく死の淵からはい上がったものの、すべてを失って嘆き悲しむ人びとの姿と重なり合うものがある。

城内に入った島津軍は、王府にどのような財宝があるのか、そのリストを作成した。戦利品として略奪するためである。五月中旬、財宝が積み込まれた船が出港したあと、尚寧らを乗せた船も那覇から鹿児島へ向かった。

薩摩藩の琉球支配のしくみ

島津家久は勝利したことを喜び、輝かしい戦果を幕府へ報告した。すると、二代将軍徳川秀《ひで》忠《ただ》(一五七九―一六三二)はその功績をたたえ、駿府(現静岡市)に隠居していた家康は琉球国の支配を認めた。息子に将軍職をゆずっていたとはいえ、いまだに家康が実権をにぎっていたのだが、いずれにせよ薩摩が琉球を支配してもよいという、いわばお墨つきを、家久は幕府からもらったわけである。

翌一六一〇年に尚寧は家久にともなわれ、駿府で家康に、江戸で秀忠に拝謁した。外国の王が将軍に謁見したということは、将軍そのものの権威をおおいに高めたことになる。秀忠は、急いで帰国して日本の威徳を国中にひろめることを尚寧に要請した。こうして彼は無事に琉球へ戻り、王として君臨し続けて五七歳で生涯をとじた。琉球国の王墓としては、世界文化遺産に登録されている玉陵《たまうどぅん》（現那覇市）が有名であろう。しかし、尚寧の場合はそこではなく、図序－1の浦添ようどれに葬られた。

一方、家久が幕府から琉球国への支配を認められると、すぐに琉球では検地が始まった。江戸時代の日本本土では、百姓は領主に租税のひとつとして年貢を納めた。百姓が持っている耕地・屋敷は、その面積が測られることによって、納める年貢高が決まる。検地とは、そのように測量をして年貢高などを決めていく一連の調査作業のことをさす。島津氏の手によって琉球で検地が進められた結果、琉球国の石高《こくだか》は、約九万石と算出された。この石高については、第一章でもあらためて説明したい。

尚寧が将軍に拝謁した翌年に、島津氏は琉球支配の基本方針を出した。いわゆる掟十五か条である。これにより通商・交易権が統制されるなど、法の面においても、琉球は薩摩の支配下におかれた。それから二〇年後の一六三一年には、薩摩の出先機関として那覇に在番奉行所が設けられ、在番奉行ら約二〇人の役人が常駐して琉球の統治の任にあたった。

相撲からみた奄美諸島と沖縄本島

奄美諸島（以下、奄美と略す）の最南端に、美しいサンゴ礁の島、与論《よろん》島がある。ここから沖縄本島までは、わずか二〇数キロメートルしかない。与論島からは、沖縄本島の島影がはっきりと見える。ところが、与論島と沖縄本島とのあいだには、現在、鹿児島と沖縄との県境がひかれている。

元来、与論島以北の奄美は琉球国が支配していた。それにもかかわらず、与論島と沖縄本島とのあいだに見えない政治的なラインがひかれたのは、薩摩の琉球侵攻に起因する。なぜなら、これ以降、奄美は薩摩の直轄地となったからだ。奄美大島を手に入れるために琉球侵攻を企てた島津家久のねらいは達成されたといってよい。

奄美と沖縄本島とが政治的に分断されたことは、どのような違いをうみだしたのだろう。庶民文化のひとつ、相撲に着目してみたい。日本本土の相撲といえば、力士が土俵内にしゃがんで取り組みが始まる。このタイプを「立ち合い相撲」という。ところが、沖縄本島の場合は、土俵がなく、立ち合いもない。では、どうやって取り組むのかといえば、腰に巻いた帯をつかみ、たがいに組んだままの状態で勝負が始まり、背中が地面についた方が負けとなる。このようなタイプを「組み相撲」とよぶ。はたして、そのあいだに位置する奄美は、どちらのタイプなのか。

奄美の集落でおこなわれていた相撲の変遷をみると、一八〇〇年初め頃、いいかえれば江戸後期までは、奄美は沖縄本島と同じように、砂の上での組み相撲の三番勝負であった。だが、江戸後期からは、砂の土俵で立ち合い相撲がおこなわれるようになり、戦後には本土と同じルールに化した。奄美の相撲は、もともとは沖縄本島のタイプだったが、しだいに本土のタイプに変容していったのだ。社会人類学者の津波高志は、その原因の核心をついた。

根本的な原因は、薩摩侵攻によってなされた奄美と沖縄の間の歴史的・政治的線引きだったのである。

琉球の場合は、薩摩の在番奉行らが統治の任にあたっていたとはいえ、実質的には首里王府が政治をおこなっていた。一方、奄美の場合は薩摩が直接支配をした。この支配のしくみの差が、相撲という庶民文化にまで大きな違いをあたえたのだ。同じ薩摩の支配下におかれていたとはいえ、庶民への薩摩の影響力は奄美の方が強かったといえよう。

3　琉球人のしたたかな計略

「四つの口」

琉球国をとりまく東アジア世界についても概観しておく。まずは日本との関係から――。

江戸初期から幕府は、日本人の海外への渡航や貿易を制限するなどの外交戦略をとった。その一環として、一六三九年にはポルトガル船の来航を禁じ、それから二年後にはオランダ商館を長崎の出島(現長崎市)に移した。その結果、日本と通交するのは長崎を通じたオランダと中国のみとなり、このような諸外国との交渉を閉ざした状態のことを「鎖国」とよぶこともあろう。しかし、江戸時代の日本を閉鎖的な「鎖国」とみなすのは誤りである。

そもそも江戸初期の段階で、「鎖国」という言葉はない。オランダ商館の医者として来日したドイツ人医師ケンペル(一六五一―一七一六)は、著書『日本誌』を著し、そのなかで当時の日本が国を閉ざした状態であり、長崎をとおしてオランダとのみ交渉していることを記していた。一八〇一年、蘭書の研究・翻訳をしていた志筑忠雄《しづきただお》(一七六〇―一八〇六)が、それを和訳して「鎖国論」と題した。ということは、「鎖国」という言葉は、前述したポルトガル船の来航禁止から一六〇年あまりが経過して、ようやく登場したのである。

それどころか、一六三九年にポルトガル船の来航を禁じたあとも、異国船の出没は続いた。一例をあげれば、それから八年後にも、ポルトガル船が長崎に来航している。この時には、長崎を警備するため、諸大名の兵が約五万人も動員されてしまった。幕府は沿岸警備体制をとるものの、つぎつぎと現れる異国船への対応に悩まされ、それを政治的に解決していくしかない。これが幕府の外交政策の実状だったのである。

はたして江戸時代が国を閉ざした「鎖国」ではなかったとすれば、対外関係をどのように理解すればよいのだろう。江戸時代には、長崎だけではなく、対馬《つしま》(現長崎県対馬市)、松前《まつまえ》(現北海道松前町)、薩摩という、海外との「四つの口」があった。対馬は朝鮮と、松前はアイヌと、そして薩摩は琉球とのあいだで、盛んに交易がおこなわれていた。これらの窓口のうち、幕府が直轄していたのは長崎のみであり、残りの三か所は宗氏《そう》(対馬藩)、松前氏(松前藩)、島津氏(薩摩藩)という大名が管理して貿易をおこなっていたのである。

漂流民送還体制

幕府が日本人の海外渡航を禁じていたとはいえ、不測の事態がおきて、運悪く乗っていた船が海外へ漂流することがあるかもしれない。そういう場合、日本人は帰国できたのだろうか。琉球へ漂着した例をあげてみよう。

幕末の一八五八年八月、善宝丸の船頭ら七人は、陸奥《むつ》国宮古《みやこ》(現岩手県宮古市)を出帆した。

一一月には江戸での諸用を済ませて、船は帰路につく。あいにく、その途中で大風・高波にあって遭難し、二か月あまり漂流したのち、翌年正月に多良間島へ漂着した。

奇跡的に生きながらえた乗組員に対して、早速、茶粥などが与えられ、先例にしたがって保護されることになった。彼らは三月まで多良間島に滞在し、宮古島、そして那覇へ送られた。食料としては、米、味噌、魚だけではなく、「上茶」「中茶」や煙草まで振る舞われている。これらがどのような茶なのかは、第二章で解き明かされる。宿舎には警護がつけられ、地域住民を近づけさせないようにした。その後、鹿児島、大坂（現大阪府大阪市）、江戸などを経て、約一年ぶりに帰国することができたという。

つまり、日本人が琉球へ流れ着いた場合、首里王府は彼らを救護して帰国させたのである。その費用は、原則として琉球側がすべて負担した。一方、琉球人が日本へ流れ着いた場合も、その漂着地の領主が保護した。その後、江戸、大坂、長崎のうちの、最寄りの薩摩藩邸に送られ、薩摩藩に引き渡されて、鹿児島を経て琉球側へ送られたのである。このように漂流民を相互に送り届けるしくみが、日本と琉球とのあいだでは整えられていたわけだ。

ところで、先例にしたがって保護されたとは、どういうことなのだろう。近世中期の一七一一年から二八年間で、一〇件（計九五名）もの日本人が琉球に漂着している。そこで王府は、そのための対応マニュアルまで定めていたのだ。おもな内容は、漂着民の本国、宗旨、人数などをチェックすること、病人がいたらすぐに医者を呼び寄せることなど多岐にわたる。食料品についても細かい規定があり、だからこそ多良間島へ漂着した時も、あたり前のように茶などが提供されたわけである。

琉球の元号と国号

東アジア世界のうち、中国との関係についてもみてみよう。中国では一七世紀半ばに明が滅び、満州族のたてた清《しん》(一六一六―一九一二)が中国を統一した。王朝が交替しても、琉球国と中国との君臣関係はひき継がれ、その後も二世紀あまり続いた。

他方で、中国からは、琉球で新国王が即位すると冊封使が派遣された。数百名をこえる使節団が、半年にもおよぶほど長期にわたって滞在したので、それを迎え入れるための準備やコストは大変なものであった。沖縄本島だけでは賄いきれず、そのまわりの久米島などの島々からも、干し魚などの食料の調達が命じられていたほどである。迎え入れる側の心構えとして、庶民にいたるまで礼儀正しくすること、日本のような風俗を見せないため、たとえば「やまと歌」を歌うことを禁じるなど、日常生活の細部にまで規制はおよんだ。

ところで、中国が冊封使を送ったのは、琉球だけではない。朝鮮・ベトナムなど、中国の冊封を受けていた国々でも、新たな国王が即位すると、それを認めるための冊封使が派遣されていた。さらに中国と君臣関係をむすんだ国々は、琉球もふくめて中国と同じ元号を用いていた。なお、日本の場合は、中国とそういう関係ではなかったので、日本オリジナルの元号が使われていたことはいうまでもない。

もうひとつ、琉球の国号としては、本書で用いている「琉球国」よりは、「琉球王国」の方がなじみ深い方が多いことだろう。それなのに、近世琉球において、琉球王国という文言が使われていた形跡は、今のところ見あたらない。琉球には王がいるにもかかわらず、である。はたして、琉球の国号として何が使われていたのかといえば、それが琉球国なのだ。

琉球国よりは、琉球王国と表現した方が、海外とさかんに交流した、華やかな独立国のイメージとしてふさわしいかもしれない。だが、実状としては、近世琉球という時代には薩摩藩の支配下におかれ、中国の冊封も受けていた。本書では、等身大の琉球史を描くことをねらいとしているので、これからも国の名称としては琉球国と表現していく。

図序-3　玉城朝薫

「江戸立」

「琉球王国」と同じように、世間で流布しているにもかかわらず、近世琉球において、いまだに発見されていない用語がある。「江戸上《のぼ》り」である。

琉球国から幕府には、王の代がわりごとに、その就任を感謝する謝恩使が、将軍の代がわりごとに、それを祝う慶賀使が派遣された。図序-3は、一七一〇年の琉球使節が描かれた一場面である。この時は、六代将軍徳川家宣《いえのぶ》(一六六二—一七一二)の慶賀使と、琉球国王尚益《しょうえき》(一六七八—一七一二)の謝恩使をかねていた。

正使のあとに続いて、図序-3において薩摩武士とともにウマに乗って進んでいるのが、組《くみ》踊《おどり》を創始した玉城朝薫《たまぐすくちょうくん》(一六八四—一七三四)である。組踊とは、近世琉球で花ひらいた沖縄の舞踊劇のことをさす。琉球使節の一行は、江戸城などで音楽や踊りを披露した。ただし、この使節の段階では、朝薫は舞踊の役として派遣されているわけではない。彼が初めて組踊を上演するのは、これから九年後に冊封使を迎えるにあたっての、その宴席のことであった。

ともあれ、このような一行が、将軍のいる江戸へ向かうことから、「江戸上り」とよばれることが多い。はたして、琉球側では、これをどのように表現しているのかといえば、「江戸立《だち》」なのである。その半面、琉球から薩摩へ使節が派遣される場合は、「上国《じょうこく》」と表現されている。ということは、琉球側にしてみれば、薩摩へ行くことの方が「上り」だったのだ。

「江戸へ発つ」というニュアンスの「江戸立」を使っているところに、江戸へ向かって使節を出発させようという、琉球国の主体性が伝わってこよう。逆に、薩摩に対しては、国へ参上するというニュアンスの「上国」を使っているところをみると、琉球にとっては幕府より薩摩の方が、身にふりかかってくる威圧感としては大きかったといえよう。

さらに琉球使節に関しては、こんな考えが、まことしやかに広がっているのではなかろうか。琉球使節が江戸へ派遣される際には、異国風の服装を装っている方が、幕府にとって異国をしたがえているという威信にもつながる。そのため、薩摩は琉球使節をうまく利用して、中国風の服装を強制したという見解である。

しかし、歴史学者の豊見山和行は、「中国風衣装を強制された琉球人」という見方を真っ向から否定する。たしかに薩摩藩は琉球使節に対して指示することはあったが、服装を中国風にせよと命じたことはない。ただ全体的に中国風を強調せよと指示しているにすぎない、と。

ここで尚真が描かれた図序-2を思い出してほしい。元来、中国風の衣装が王の正装なのである。それを強調させるということは、薩摩は使節の見栄え、いいかえれば華々しさを気にしているのである。図序-3もふりかえってみよう。玉城朝薫は、なんと琉球の服を着ているではないか。「江戸立」で中国風の服装を身にまとっていたのは、上流クラスだけであった。

赤字だった進貢貿易

本章では、薩摩藩の意のまま、琉球は国のカタチだけ残されていたのかを再検証することにねらいがあった。最後に、中国貿易から利益を吸い上げるために、薩摩藩は琉球国を密貿易の機関として悪用していたのかどうかを確かめたい。

琉球は中国と貿易をおこなうにあたって、進貢船を派遣していた。**図序-4**が、その進貢船である。多数の小舟に曳航されながら、進貢船が那覇に入港している。進貢船の手前の方では、薩摩の役人が見守っている。貿易品をいち早くチェックするため、船に乗りつけてきたのである。まさに薩摩の監視下におかれた進貢貿易というようなモチーフだ。

図序-4　進貢船

おおまかに進貢貿易のしくみを説明しよう。琉球は、中国に使節を送り、ウマや硫黄などの特産品を献上した。この時に、薩摩から資金を借りて、中国で商品も購入していたのである。そのかわりに琉球は、薩摩からの注文に応じて中国で買ってきた生糸などの品物を、借金のカタとして納めなければならない。こうして入手した商品を日本市場で独占的に販売することによって、薩摩は利益を得ていた。だが、それはリスクをともなった。たとえば、ひとたび粗悪品が輸入されてしまえば、たちまち信用を失い、損失をこうむってしまうからだ。

　それどころか、驚くべき事実が明かされている。近世中期の首里王府の収支決算によれば、進貢貿易は大幅に赤字だったというのだ。そのため、一八世紀後半から一九世紀初期にかけて、薩摩側は進貢貿易の縮小をしばしば王府へ命じている。一方、首里王府は貿易の維持に奔走する。その背景には、中国から冊封を受けているからには、なんとしてでも進貢貿易を存続しなければならないという、王府の戦略があったとみられている。

　はたして琉球国は、赤字であっても、中国への配慮から貿易をしていたのかといえば、そうともいいきれない。船に乗りこんだ役人たちには、船内に、それぞれに貨物を積むスペースが与えられていた。むろん、王府公認である。そのスペースをうまく活用して運び込まれた商品が売買されて、役人たちの利潤となるようにしくまれていたというわけだ。

　図序‐4の進貢船も、一見は薩摩藩によって厳しく監視されていたように思えるが、海面下で見えない船底には、乗組員たちの商品の山がねむっていた。こういう点にも、薩摩の支配下におかれてはいるものの、転んでもタダでは起きぬという、琉球人のしたたかな計略が垣間見えよう。

第一章 琉球人の自然への営みと茶

鉄の塊を持った少年は、
刀を作ってくれと鍛冶屋《かじや》に頼んだ。
だが、作ってくれないので、
やがて自分で立派な刀を作った。
青年になったある日、
港に中国の船がやって来た。
子どもたちと小舟に乗って、
青年は船をめざして漕《こ》ぎだした。

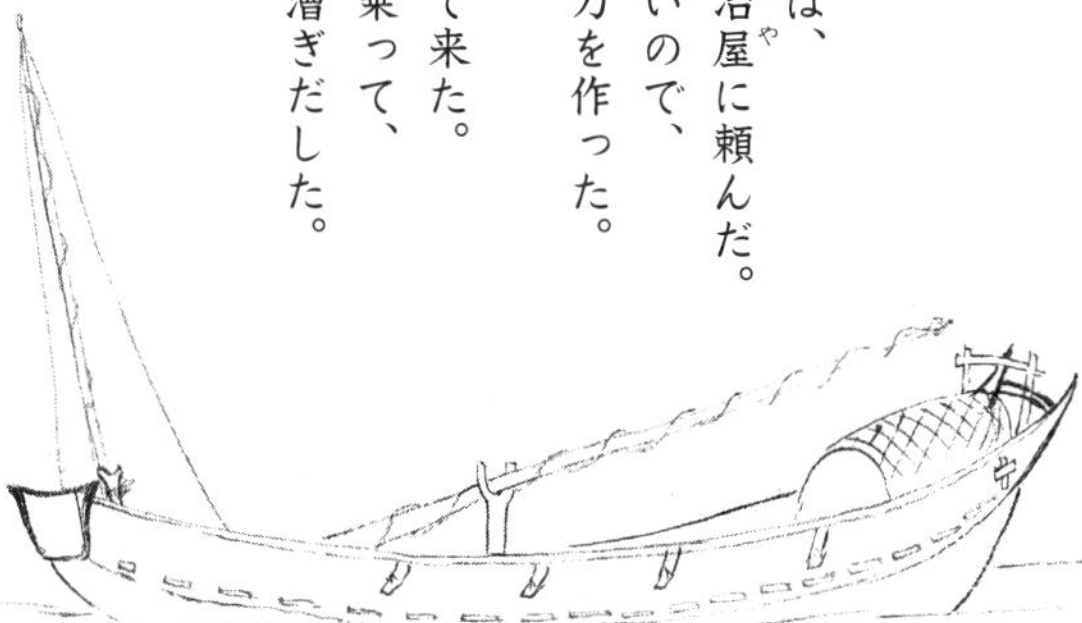

1　蔡温の登場

民話のなかの茶

これから第一章から第三章にかけて、茶の生産・流通・消費をとおして、庶民の姿にも〝光〟をあてながら、「茶と琉球人」のありようを明らかにしていく。最初のステップとして、沖縄の民話のなかから、茶に関する話を二つ、かいつまんで紹介しよう。

〔茶の始まり〕

美しい女が男に、「妻を捨てたらあなたの妻になってあげる」と言った。だが、男は妻を愛しているので断った。女は男の妻を殺して庭に埋め、妻にしてくれと頼んだ。しかし、男は人殺しのあなたを妻にはできないと断り、妻の死を悲しんで一人でいた。

妻が埋められた所に、男がいつも初物を供えていると、そこから茶の木が生えてきた。「この木は妻の胸から生えた木だ」と言って、男は煎じて飲んだ。すると病気がよくなったので、それから茶は万人に広まった。だから、茶は人の胸から生えたという。

〔婿比べ〕

婿たち二人が、妻の実家に行った。近い婿にはご馳走が出された。しかし、遠い婿は、茶だけを飲まされた。だから、家に帰った遠い婿は、自分の妻をなじったという。ふたたび妻の実家に呼ばれた時も、やはり茶だけを飲まされた。

さすがに妻の親は、次に来た時には、遠い婿にもご馳走を食べさせた。ところが、家への帰りは、あまりにも遠くて苦労した。じつは茶とは薬で、これを飲んでいた遠い婿は、今まで足も軽く無事に家に帰っていたのだ。

二つの民話からは、薬用として茶が飲まれていることがわかる。昔話として残されているのは、茶を薬として飲む話だけではない。とにかく、茶の民話が言い伝えられているということは、近世琉球においても庶民が茶を栽培して愛飲していたことを推察させる。

第一章では、沖縄本島という、一つの島をクローズアップする。琉球国をささえていた庶民が、この島でどのような自然環境のなかで暮らしを営んでいたのかを明らかにし、なおかつ茶を栽培していたのかどうかまで突きつめてみたい。

蔡温と『農務帳』

百姓の盛衰は、国家が栄えたり衰えたりすることにつながる。国家の盛衰は、すなわち主君のそれにつながる。

強い決意をこう語るのは、琉球国の政治家として有名な蔡温《さいおん》(一六八二―一七六二)である。仮に薩摩藩のもとで琉球人が奴隷の境遇におちいっていたとすれば、それは国家や王の衰退につながっていたかもしれない。だからこそ、第一章では庶民、いや百姓のリアルな姿に〝光〟をあてるのである。なぜ百姓が庶民なのかといえば、人口の大半を占めていたのが彼らだからだ。

さて、蔡温は、薩摩が琉球に侵攻してから約七〇年後の一六八二年に、中国との外交を担当する士族たちが居住する、那覇の久米《くめ》村で生まれた。父の蔡鐸《さいたく》(一六四四―一七二四)は、琉球国の正史『中山世譜《ちゅうざんせいふ》』の編集にたずさわった人物として知られる。二七歳の時には中国福州へ渡り、二年間にわたり学問などをおさめた。

蔡温が生まれる前まで、首里王府では羽地朝秀《はねじちょうしゅう》(一六一七―七五)が種々の政治改革をおこなっていた。その指針を「羽地仕置《はねじしおき》」とよぶ。琉球国は薩摩藩の支配下におかれている。その現状を拒否するどころか、むしろ受け入れながら国家の振興をはかろうとしたのだ。四七歳で王府の最要職である三司官《さんしかん》についた蔡温は、羽地の路線をふまえながら政治改革を進めていく。なかでも渾身の力をこめたのが農政であり、その理由は冒頭の一文に集約されていよう。

国をうまく治める道は、あまたの道筋や順序があったとしても、必ず農業においても法をつくすことを真っ先にすべきだ。これは諸国でも、きっと同じことである。

「法」とは、ここでは手順のことをさす。蔡温は、農業の現状についてこうきり出す。農作業には最善のやり方があるのに、百姓はそのやり方をいい加減にあつかっている、と。このままでは百姓の生活も危うい。そこで効果的な農業方法を広めるため、蔡温は一七三四年に、同じ三司官らとともに『農務帳《のうむちょう》』を公布した。

『農務帳』という農政マニュアルは、琉球各地で使用されただけではなく、その地の事情に即して、バージョンアップさせたものが作成された。たとえば、八重山では、『農務帳』が公布されてから約三〇年後の一七六八年に『八重山嶋《やえやまじま》農務帳』が著され、その後も加筆されながら活用されていった。とはいえ、農業を営むのは百姓なのにもかかわらず、『農務帳』が対象としている読者は、あくまでも役人なのである。農政を指導する役人たちの手によって、百姓に農業を奨励させて、農村の確立をねらったわけだ。

沖縄本島の気候と土壌

『農務帳』の内容は全三〇か条からなり、項目は「土地の保全」「農業の心得」「百姓の生活の心得」「貯えについて」「樹木の育て方」「村役人の心得」の六つに分類できる。「村役人の心得」の一つとして、毎月、何回でも村を巡回して、百姓の暮らしを安定させるように指示されている。こういう点に、役人の農政マニュアルとしての『農務帳』の性格があらわれているよう。

「農業の心得」としては、次の六か条が重視されている。

第一条　田畠は、地力《ちりょく》や土の性質が違う。すべて、その土地にあわせて耕作しなさい。

第二条　水田は、ほとんど天水にたよっている。ため池を造るなどして、水不足のないように手をつくしなさい。

第三条　稲刈りのあと、魚やウナギを獲るために、田んぼの畦《あぜ》を崩すことを禁じる。
第四条　肥料は農業で肝要なので、貯えておくように心がけなさい。
第五条　農具をそろえておくことは重要なので、おろそかにしてはいけない。
第六条　耕地を広げていくという考え方は間違っている。牛馬の飼料や薪を採ることができなくなるし、それに手間暇もかかる。肥料を用いれば、わずかな土地でも、収穫は十分に増える。

沖縄本島は、気候・土壌の面で日本本土とは異なる特色をもつ。気候の面では亜熱帯で、夏の台風シーズンが長い。ところが、地形的には大きな河川が流れていないため、本土のように、河川から用水路を引いて水田農業を営むのは容易ではない。よって、第二条では、ため池を造るなどして、水の管理を徹底するように命じられている。

次に土壌の面について。第一条の「地力」とは、土地の生産力のことをさす。その地力に差があるので、土の性質をふまえた農耕を勧めている。沖縄本島の土壌は、やせた赤土の国頭《くにがみ》マージ・島尻《しまじり》マージと、灰色で水田にもむいたジャーガルの三つに大別される。全体的にみると、地力の低いマージの占める割合が大きい。よって、第四条・第六条では収穫量を増やすための肥料がもっとも大切であること、第五条では土地を耕すための農具を準備しておくことが教諭されている。

農具とともに、肥料もまた近世琉球の〝自立〟を問ううえでのキーポイントなので、これについては本書のクライマックスで解説することにしよう。

蔡温の腕前

今の沖縄本島には、たしかに水田が少ない。この島で稲穂が実る、数少ない地域のひとつに名護市羽地《はねじ》地区がある。標高三八五メートルの多野岳《たのだけ》などの丘陵を背後に、羽地地区には田園風景が広がっている。おもな水源としているのは、山から流れている河川だ。

今から三世紀ほど前まで、ここを流れる大浦川は、大雨が降ると下流では川筋をかえ、水害もたえなかった。一七三五年七月に大風雨がおそうと、田んぼが濁流に呑みこまれた。被災したのは幅二〇ないし三〇～五〇間《けん》(約三六～九一メートル)で、一里《り》六、七合《ごう》もの長さである。明治にはいった一八九一年に一里＝約三・九三キロメートルと定められたが、それ以前もおおよそ、それくらいの数値として使われていた。一里＝約三・九三キロメートルと仮定すれば、一里六、七合は約六・三～六・七キロメートルもの長さとなる。これを復旧するには、地元での見積もりでは、のべ六万八千人あまりの人夫を動員せざるをえないという。

あまりにも被害が大きすぎて、資金繰りがうまくいかず、村々が機能不全におちいったからなのだろう。補修は困難であると、地元から首里王府に嘆願があった。ところが、治水技術は国を治めるうえで重要なのにもかかわらず、琉球国では、その技法がこれまで伝授されてこなかったのである。それでも、河川工事に着手することが決まった。リーダーとなったのが蔡温である。『農務帳』が公布された翌年のことだ。村人たちのかかえた不安が消し去れるのかどうかは、彼の腕次第となった。

八月二二日に蔡温らは現場に入ると、被災地を測量し、図面を作ることから始めた。それから数日後には王も視察のために訪れているので、まさに国をあげての大事業であったといえよう。工法を検討した結果、新たな川を開くことが決まった。さらに人夫をどれくらい動員するのか、資材をどう調達するのか、工事を着々と進めていくための計画もねられた。

各地で広がった河川改修

九月二日から工事が始まった。動員された人夫は、初日は四〇〇人あまりであったが、一〇月一日には、その五倍の一日約二千人にまで増えている。雨で工事が中断したり、あるいは壊れて補修したりするなどの地道な作業が続く。一一月二日には、王から餅、泡盛とともに、塩漬けにされた〝豚肉〟までが送り届けられた。工事関係者を励ますためであろう。

すべての工事が終わったのは、蔡温が現場に入ってから約三か月後の一一月一四日のこと。開削された新しい流路のことを羽地川（羽地大川）という。工事のために、見積もりを大幅にこえた、のべ一〇万七三八〇人もの人夫が動員された。二〇日、首里への帰路の途中、蔡温が浦添に立ち寄ると、国王がここまで出迎えに来て、ねぎらいの言葉をかけ、「御茶」と菓子を下賜した。よくぞ期待にこたえた、そういう気持ちを、王はいち早くあらわしたかったのかもしれない。翌年正月六日に、蔡温をはじめとした工事関係者は、国王から正式に賞を賜ることになった。

国の威信をかけた、この河川改修という国家プロジェクトの意義は何だったのだろう。もちろん、大規模な治水によって羽地川が開削され、地域一帯の美田が守られたことはいうまでもない。しかし、最大の意義は、なんといっても蔡温の治水技術が琉球全土に広がったことにある。なぜなら、彼の技法を習うために、王府が役人らを同行させていたからだ。こうして、その技術を習得したブレーンたちの手によって、国中の河川が次々と改修されていった。

沖縄本島における耕地面積の推移をみると、一七世紀には約八四〇〇町（約八四〇〇ヘクタール)だったのに対して、一八世紀半ばには約一万九七〇〇町(約一万九七〇〇ヘクタール)と倍増している。なぜ耕地面積が増えたのかといえば、農業を営むためには、必ず水を要す。したがって、河川が改修されて治水が安定したことが、その要因としては考えられよう。ただし、耕地面積の内訳をみると、田よりも畠の面積の方が二倍以上も広い。もともと沖縄本島にはマージが広がっており、水田にはあまり適さない。それでも田んぼそのものの面積が倍増したということは、それほど新田開発にも力がそそがれたということではないか。

蔡温の治水によって、結果として水利の安定した農業が、沖縄本島ではいっそう進展していくことになる。

2　浦添間切と百姓の暮らし

間切とは何か

これから本章では、ある地域に即して、日本本土と比べながら百姓の暮らしを眺めていく。沖縄本島で、ひとつの地域をとらえるのであれば、首里や那覇がふさわしいと思われるかもしれない。ところが、首里は士族の町、那覇は町人の町なので、百姓の暮らしをみるには適さない。そこで注目するのが浦添である。なぜなら、かつて中山王の拠点があった浦添は、琉球・沖縄の歴史上、首里や那覇と同じような要所でもあった。丘もあり、田畠も広がり、それでいて海にも面しているので、沖縄本島の自然の縮図ともいえよう。そしてなによりも、後述するように、近世琉球という時代にふさわしい村が出現したからである。

さて、江戸時代の本土では、百姓は村で暮らし、百姓の代表者である村役人によって村は運営されていた。租税である年貢・諸役も、百姓が直接、領主に納めていたわけではない。百姓が年貢・諸役を村に納めると、村がそれらを領主に上納した。このように領主が村の自治にたよることによって、百姓を支配するしくみのことを村請制《むらうけせい》という。

一方、琉球ではどうだったのかといえば、たしかに村はあった。しかし、百姓たちの自治によって運営されていたのは、「間切《まぎり》」とよばれる行政区画なのである。本土と同じく、琉球の百姓も直接、領主に税を納めていたのではない。間切を単位として村から租税が集められ、そのあと首里王府に納められていた。琉球独自のシステムである間切は、今日の市町村の区画のもとになった。たとえば、浦添市も、その前身は浦添間切である。

このように複数の村を統括して支配するというしくみは、けっして琉球だけのことではない。本土でも、同じように地域を運営する組織がつくられていたところもある。たとえば、北陸地方の加賀藩では、百姓の有力者が「十村《とむら》」とよばれる長に任命され、一〇か村から数十か村もの管理を領主から委ねられていた。このような行政システムは、領主と村とのあいだに設置されたことなどから、学術的には「中間支配機構」と唱える場合もある。

琉球の間切行政も、今後は本土の中間支配機構と比較・検討することによって、その特色がより明瞭になるにちがいない。

浦添間切

浦添間切は、沖縄本島の中部に位置し、西には東シナ海が広がり、その先に慶良間諸島が連なっている。

今の浦添城跡と浦添ようどれは、浦添間切のやや東側にある。浦添城跡の麓には、かつて龍《りゅう》福《ふくじ》寺と浦添番所《ばんじょ》があった。龍福寺は、琉球最古の寺院といわれる極楽寺の流れをくむ名刹である。だが、浦添城と同じように薩摩の琉球侵攻の時に焼かれ、のちに尚寧が再興したものの、大正期(一九一二―二六)には別の村へ移っていった。

一方、番所とは、間切の役人たちが詰める役所のことをさす。浦添番所は、現在の浦添市立浦添中学校あたりに建っていた。堅牢な石垣で囲まれた建物は、瓦ぶきであったとみられている。国王が外出する際には、休憩所としても利用されていた。羽地地区から帰る蔡温を王が出迎えた場所も、じつはここであった。

浦添番所に詰めていた役人たちは、次のように組織されていた。

地頭代《じとぅでー》……間切行政のトップ。次の四職もふくめて「大サバクリ」と称されていた。

首里大屋子《うふやく》・大掟《うふうっち》・南風掟《ふぇーうっち》・西掟《にしうっち》……地頭代の指揮下におかれ、間切行政の仕事を分担した。これら四つの職を総称して「サバクリ」とよぶ。

村掟《むらうっち》……各村の行政担当役人。大サバクリのもとにおかれた。

総耕作当《そうこうさくあたい》……農業振興にあたった役人。

下級役人……雑務を担当。大サバクリも、下級役人から出世していった。

ただし、彼らの力だけで、浦添間切の行政が成り立っていたわけではない。

両総地頭《りょうそうじとう》・脇地《わきじ》頭《とう》……上級士族は、王府から領地を賜っていた。間切を領するのを両総地頭（総《そう》地頭・按司《あじ》地頭）、村を領するのを脇地頭という。地頭代に誰がつくかは、彼らが首里王府に推薦していた。
夫地頭《ぶじとう》……間切行政を補佐するような立場にあった。
下知役《げちやく》・検者《けんじゃ》……経済をたてなおすために、王府から臨時に派遣された役人。

図1-1　仲間樋川

浦添間切の各地には、樋川《ヒージャー》も点在していた。樋川とは、生活水源となる井戸や泉のことをさす。浦添城跡の麓にも、図1－1で示した、清らかな水の流れる仲間《なかま》樋川が現存している。一七三一年に王府によって編纂された地誌『琉《りゅう》球国旧記《きゅうこくきゅうき》』には、「中《(仲)》間泉」が俗に「樋川」とよばれていると記されているので、近世中期には百姓の利用に供されていたことになろう。

前述したように、『農務帳』の「農業の心得」第二条には、水田は天水にたよっているとある。天から降ってきた雨水は、地中をとおって樋川に湧き出す。この水を百姓たちが飲み、衣服・農具・農作物などを洗い、そしてウマなどの家畜も水浴びをする。そのあと、あふれた水が下へ流れて、田んぼの水源にもなっていたというわけである。

石高の問題

沖縄本島の百姓に課せられた租税は、おもに次の四種があった。

①物納……検地を受けた耕地に課される米・麦などの穀類
②物納……サトウキビ・ウコンなどの特産品
③臨時調達……野菜や海・川などの産物
④夫役《ぶやく》……労働課役

間切の役人たちは、百姓たちをうまく指揮して、①〜③を集めて王府に納めていた。④については、たとえば先の蔡温の河川改修も、この夫役により動員されていたわけである。

なお、①に関連して、百姓が持っている耕地が検地を受けると、その面積から石高が算出され、これを基準に百姓は米・麦などを納めていた。その石高の単位は、一石《こく》＝一〇斗《と》、一斗＝

一〇升《しょう》、一升＝一〇合《ごう》（約一・八リットル）、一合＝約一八〇ミリリットルとなる。石高は、百姓だけに使われる単位ではなかった。たとえば、琉球国が約九万石というように領地高を示す単位として使われ、間切・村からの納税額も、この石高であらわされていたからである。

図 1-2　年貢の納入

江戸時代の日本本土では、社会を編成するうえで石高が基準とされ、米を中心とした石高制の社会が成り立っていた。はたして、琉球でも石高制の社会は成り立っていたのか。**図1－2**で示した、一八世紀後半以降に作成されたとみられる『八重山《やえやま》蔵元《くらもと》絵師《えし》画稿集《がこうしゅう》』の一枚から考えてみることにしよう。

この図には、八重山の役人に米が納められている場面が描かれており、運び込まれた米俵が一つずつ計量されている。一俵あたり、どれくらいの重量なのかを役人が正確に測定している。下の方に、枡《ます》が置かれているところに注目してほしい。元来、石高の石・斗・升・合という単位は容積であらわされている。それならば、その容積を量る枡を使うのが当然ではないか。ところが、なぜか役人は秤《はかり》、すなわち重さで計量しているのだ。あきらかに矛盾している。

だが、こんな仮定もできよう。薩摩藩と琉球国とのあいだ、あるいは王府と間切とのあいだというように、公の場では石高という基準が使われている。それは表むきのことで、百姓たちが現実に暮らす間切などの生活空間では、地域独自の納税方法がとりいれられていた。だから、重さで米を計量していたとしても、それはそれで支障は生じないのではないか、と。

つまり、琉球で石高制が浸透していたのかといえば、それは疑わしい。石高をあらわす米も、本土の場合は、基本的には玄米のことをさす。ところが、琉球の場合は、籾《もみ》であったという見解もある。籾と、籾殻《もみがら》をとった玄米とでは、容積の差に必ずひらきが生じてしまう。籾一石と玄米一石とでは、そのなかに入っている玄米の量は、籾一石の方がはるかに少ない。

この石高の問題は、琉球史の研究において、いずれ解決しなければならない大きな課題であることも付言しておく。

百姓の四季

浦添間切の百姓が、どのような一年間を過ごしていたのかについては、沖縄戦で庶民の生きた証を失ってしまったのでわからない。そこで一八四〇年に作成された『耕作下《こうさくげ》知《ち》方《かた》並《ならびに》諸物《しょもの》作節附帳《つくりせつつけちょう》』から、沖縄本島北部の大宜味《おおぎみ》間切（現沖縄県大宜味村）の農事暦を紹介しよう。

まず水田では、正月から田起こしが始まり、二月には田植えをする。稲刈りをするのは六月だ。この時、薩摩へ米を上納する準備も命じられる。七月になると、苗代の準備をして田植えを始めていく。おそらく収穫したのは一・月前後だろう。これは水はけの良い乾田《かんでん》の場合である。水はけの悪い湿田《しつでん》では、一〇月に田起こしがおこなわれた。

琉球の稲作は、二期作だったところに特長がある。ポイントは、二回目の稲作をいつ始めるのかだ。ここで記しているのは旧暦なので、今の暦と比べて、だいたい一か月ほど遅れている。旧暦七月であれば台風のシーズンに突入しているので、台風の被害を避けるため、それが襲来する前に稲刈りをし、そのシーズンの頃から二度目の田植えの準備が進められていた。

薩摩への上納米というのは、毎年、薩摩藩は琉球国に対して貢物を義務づけていたが、やがてそれを米で納めさせることにしていた。その負担額は、近世中期以降は約一万二千石と定められている。さらに百姓が納めた米は、首里王府の王族・役人や那覇の町人などへも供給されていたにちがいない。一方、百姓の場合は、稲作をしていても、日常生活で米を口にするのは稀であった。はたして何を主食にしていたのかといえば、それは畠からの、ある食べ物である。

畠では、麦・粟・サツマイモ・冬瓜・ヘチマなどが栽培されていた。これらのうち、百姓が主食にしていたのはサツマイモである。なぜなら、『耕作下知方並諸物作節附帳』によれば、やせ地でも育つサツマイモを、百姓は一年間に九回も植え付けているからだ。

ところで、サツマイモにかかわる人物といえば、日本史では青木昆陽《あおきこんよう》（一六九八—一七六九）が有名であろう。八代将軍徳川吉宗《よしむね》（一六八四—一七五一）に登用され、救荒作物としてサツマイモを普及させた人物である。彼は、江戸中期の一七三五年にサツマイモを取り寄せて試作をし、これが日本本土においてサツマイモが広まる発端となった。

もともとサツマイモは日本在来の植物ではない。なぜそれが日本本土にあったのかといえば、琉球をとおして薩摩に入っていたからである。琉球では、それより一世紀以上も前の一六〇五年に、野国総管《のぐにそうかん》（生没年未詳）という人物が、中国からサツマイモを持ち帰って栽培を試みていたという。その苗を儀間真常《ぎましんじょう》（一五五七—一六四四）が譲り受けて、栽培を進めた。つまり、本土でサツマイモが普及しようとしていた時点で、すでに琉球では、それが主食として不動の地位をしめていたわけだ。

〝水田の村〟は本当にあったのか

今の沖縄本島で農業といえば、サトウキビが中心である。それにもかかわらず、近世琉球において田園地帯が広がっていたかどうかを、浦添という一地域にしぼって検証してみたい。

明治以降の浦添の米とサトウキビの作付面積の推移をみると、一八八三年の段階では米四四町（約四四ヘクタール）・サトウキビ五一町（約五一ヘクタール）なので、ほぼ半分ずつの割合といえよう。米の場合は、その後は多少の増減を繰り返し、一九三〇年以降はあまり作付けされなくなった。逆に急増していくのがサトウキビである。三〇年の段階では五四〇町（約五四〇ヘクタール）なので、作付面積は半世紀ほどで一〇倍以上も広がったわけだ。近代以降、浦添は急激に〝サトウキビの村〟としての性格を強めたといえる。

では、〝サトウキビの村〟以前の近世琉球では、農村といえば〝水田の村〟だったのか。一七世紀前半の浦添間切の石高をみると、水田約二七〇〇石、畠約二六三五石なので、ほぼ半分ずつの割合といえよう。浦添間切のなかの前田村でみれば、水田は九割弱もの割合を占めている。すなわち、浦添には、近世琉球らしい〝水田の村〟が出現していたのだ。

一九九四年から三年間、浦添市教育委員会は、おもに近世琉球の水田跡の発掘調査をおこなった。そのうち、旧前田村の前原《まえばる》第二調査地点からは、長方形のような短冊形の耕地が発掘された。そこでは、水田と畠とが組み合わされて利用されていたと考えられている。耕地を中央で仕切る畦は、なんと約一・二メートルもの幅がある。出土物は淡水産の貝がもっとも多かったという。

したがって、田んぼに水を満たす、いや大切な水を逃がさないために、百姓は大畦をつくっていたのだ。なぜなら、『農務帳』で、そういうことが教諭されているからである。しかも、同書では、田起こしをする際に、畦の草を切り落とさないことまで注意されている。草が根を張ることにより、しっかりと畦を固めさせるためであろう。

浦添には、もともと保水力のある土壌のジャーガルが広がり、樋川や小さな川も各所にあった。こういう自然条件があったからこそ、百姓は水田農業を営むことができたといえる。

3　近世琉球の自然環境と茶

米の種類

百姓が大地を切り拓いたことによって、どのような自然環境がつくり出されたのか。茶園の広がる景観が出現したのかどうかにも注意をむけながら、沖縄本島という空間を見渡してみよう。そのための第一歩として、まずは田んぼに作付けされていた米に注目してみたい。

明治前期の琉球の産物がまとめられた『沖縄物産志』には、「カラ、アカー」・「カラギヤー」・「オフアカイネ」(大赤稲)・「シルヒケー」(白髭)・「モチイネ」という五種が主たる銘柄であると記されている。おそらく、それ以前の近世琉球でも、この五種に準じた品種が作付けされていた可能性が高い。銘柄を、もう少し掘り下げていこう。

「カラ、アカー」とは、大唐米《だいとうまい》のことをさす。今では聞きなれない大唐米とは、インディカ型の赤米《あかごめ》のことをさし、粒が長いところに特色がある。本来、米は温暖な気候に適した作物である。だが、沖縄本島には台風が襲うので、その前に収穫しなければ米は大損害をうける。土壌の面でみても、やせたマージの占める割合が大きい。そういう理由から、耕作地として条件の悪いところでも、短期間で育つ大唐米が植えられていたと考えられよう。「オフアカイネ」(大赤稲)も、大唐米の一種とみてよい。

「カラギヤー」の詳細はわからない。「シルヒケー」(白髭)の髭《ひげ》とは、籾の先についている毛のような芒《のぎ》のことをさすのだろう。芒が長いと、獣などの食害を受けにくいといわれている。とすれば、「シルヒケー」(白髭)とは、白っぽい芒のある米のことで、食害を防ぐねらいもあって植えられていたのかもしれない。「モチイネ」とは、粘り気のある糯米《もちごめ》のことをさす。

すなわち、沖縄本島の水田には、見渡すかぎり同じ品種の米が育っていたわけではなかった。

気候や土壌などを判断しながら、百姓は種を選んで稲作をおこなっていたのではなかろうか。これは日本本土でも同じである。たとえば、北陸地方の加賀平野(現石川県)では、江戸中期の段階では、驚くべきことに一〇〇種以上の銘柄の米があった。

『沖縄物産志』は、琉球の米について次のような品評をする。粒ぞろいで、色も白く美しい。ところが、粘り気がなく、味は南京米《なんきんまい》に似ている、と。南京米とは、東南アジアや中国などから輸入されていた米の俗称のことをさす。インディカ型の米で、粒は細長く、それでいて炊くと粘り気が少ない。それと同じような米が、薩摩へ上納されたり、琉球の上流クラスの食卓にのぼっていたりした。

墓と草山・丘

田んぼには大唐米などが実り、菜園や段々畠ではサツマイモなどが育つ。丘には、図1−3のような墓も造られた。これは、近世後期の一八二七年に琉球を訪れたイギリス軍人ビーチー(一七九六―一八五六)の航海記の挿し絵である。墓の外形が亀甲《きっこう》状になっていることから、「亀《かめ》甲墓《こうばか》」ともよぶ。その大きさに、祖先崇拝を重んじる琉球人たちの信仰心が伝わってこよう。

首里王府で農政を担当する田地《でんち》奉行は、ビーチーが琉球を訪れる約二〇年前の一八〇九年に、

図1-3　亀甲墓

士族と町人・百姓に対して、墓の大きさをそれぞれ制限している。新しく墓を建てれば、そのぶんだけ利用できる土地も減ってこよう。前述したように、一八世紀半ばには耕地が格段に広がっていた。そういう実状をふまえれば、墓の大きさを制限せざるをえないほど、土地不足が深刻化していたのかもしれない。

先にとりあげた『農務帳』の「農業の心得」第六条によれば、耕地が広がれば、牛馬の飼料や薪を採るのに支障をきたすという。耕地を広げるには、山野を開発しなければならない。仮にそうしてしまえば、あるジレンマが生じてしまうからだ。はたして、山野はどのような役割をはたしていたというのだろう。

図1－3を見ると、墓のまわりは草に覆われ、

ウマ一頭がたわむれている。丘は、あえて草山として維持されていた。草山は何を目的に使われていたのかといえば、ウシやウマの飼料となる草が取られていた。だから、山野が開発されてしまえば、耕地が広がるものの、草が減るというジレンマが生じてしまう。図1-3でウマがたわむれているのは、放牧されているというよりは、むしろ餌となる草を食べるためであろう。

水田とセットで草山が広がる風景は、日本本土でも同じである。江戸前期の一七世紀には、日本各地で新田開発がおこなわれ、見渡すかぎりの水田が広がった。水田農業を営むために、肥料として草が使われていたのだ。たとえば、積み重ねて腐らせたり、ウマやウシの糞尿とブレンドしたりして用いられていた。琉球では、草は飼料としての用途が主であったが、草山から、あるいは大畦から刈り取られた草は、肥料としても使われていたことだろう。

もう一つ山野が果たしていた重要な役割として、薪の採取があげられる。山野が開発されてしまえば、燃料となる薪が減ってしまう。とはいえ、山野というよりは、厳密には丘といった方がよい。なぜなら、沖縄本島では山々が連なるのは北部のみで、水田の広がる中南部は小高い丘しかないからである。その丘で茂っていた木々から薪を得て燃料としていたわけである。

すなわち、近世琉球は、「水田―畠―墓―草山―丘」という自然にみちていた。江戸時代の本土とは、一見はあまり差がないように思えるかもしれない。ところが、一点だけ、やはり墓のインパクトの大きさは、琉球独自の景観の構成要素といえる。

琉球近世型生態系の創出

次に、生き物の視点にたって、水田をめぐる生態系を描き出してみよう。なぜなら、〝水田〟という表現は、ヒトの視点にたった見方でしかないからである。生き物の眼からみれば、〝水辺〟にすぎない。現に、旧前田村の水田跡から多くの淡水産の貝が出土したということは、たとえばタニシにとってみれば〝水辺〟だから、そこに生息していたと考えた方がよい。

では、浦添間切の田んぼのうち、水の中にすんでいた生き物からあげていく。近世後期の一八四五年に、どの間切が首里王府に野菜や魚などを納めるのか、その場合はいくら支払われるのかなどが定められた基本台帳『野《や》菜《さい》肴《さかな》有所《あるところ》節付《せつつけ》幷《ならびに》代付帳《だいつけちょう》』が作成されている。これは上述した租税の種類でいえば、③臨時調達のためのものといえよう。この帳簿には、浦添間切においてコイ、フナ、ドジョウといった淡水魚やタニシ、小エビ、モクズガニの名が記されている。王族や士族たちが食べていたこれらの生き物は、いずれも水田や用水路にすむ。

『農務帳』の「農業の心得」第三条によれば、田んぼにはウナギなどの魚が生息しており、

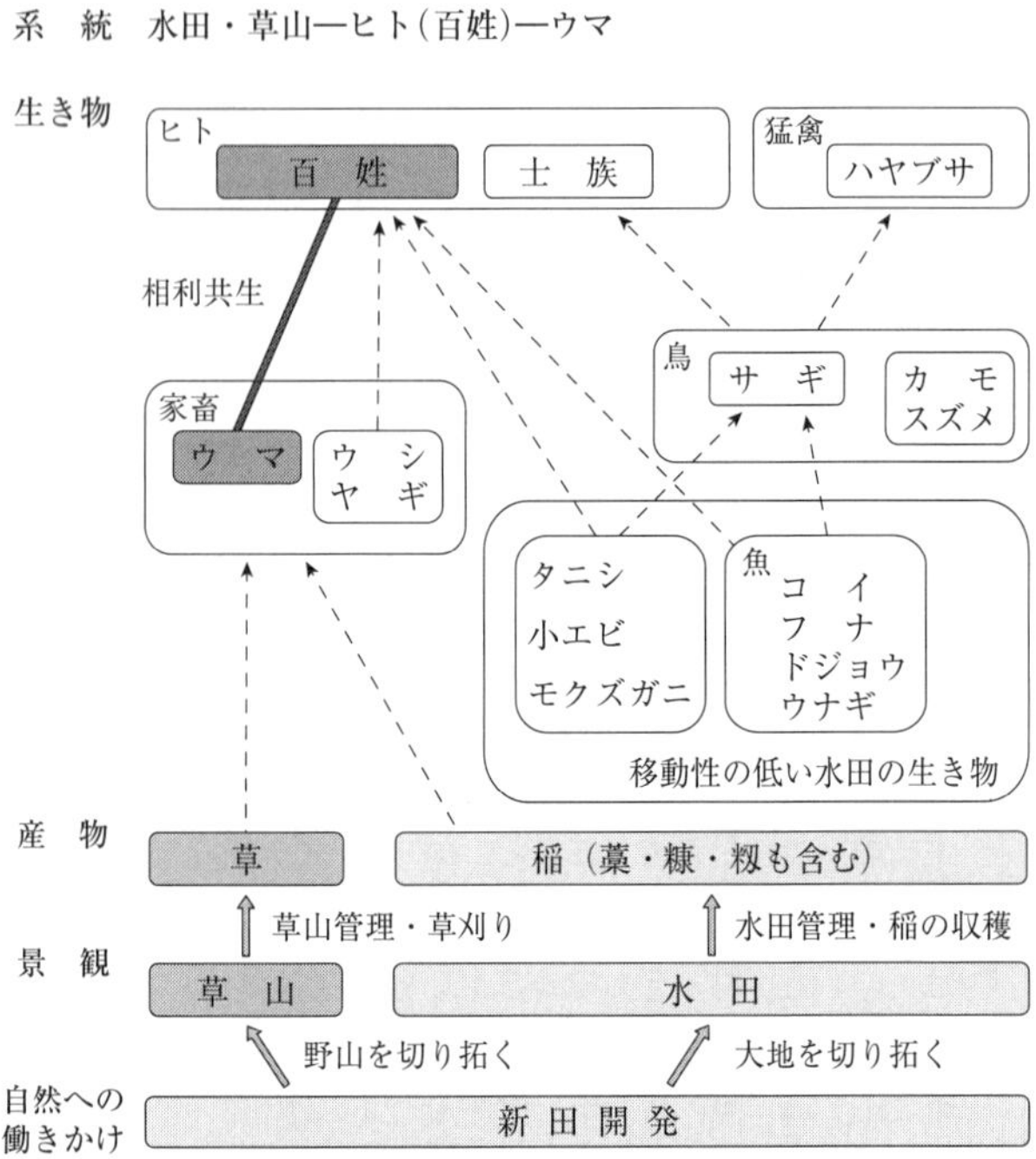

図 1-4　琉球近世型生態系の概念図

百姓たちが獲っていた。水田は、稲作だけではなく、漁撈《ぎょろう》の場でもあったのだ。鳥たちも、大空から田んぼに降りてくる。たとえば、スズメは種籾をついばみ、サギは魚やカエルを食べていたにちがいない。鋭い爪をもつ猛禽《もうきん》が飛んでいたことも忘れてはならない。ハヤブサはスズメなどの小鳥も捕食していたであろう。

水田とともに草山が人工的に造成されていたが、そこから刈り取られた草は、百姓の飼うウマ、ウシ、ヤギの餌となった。とはいえ、ウマとウシ・ヤギとでは、ヒトとのかかわりの面で大きな差がある。琉球ではウマを食用としないが、ウシとヤギはヒトに食べられていた。刈り取った草を百姓がウマに与え、ウマは百姓の農耕を手伝い、その糞尿が肥やしにもなる。この点でみれば、ヒト(百姓)とウマとは、両者ともメリットのある相利共生の関係にあった。

以上をふまえて、浦添間切を事例としながら、生き物を中心として水田をめぐる生態系をおおまかに復原したのが図1-4である。百姓が水田農業を営んだ結果としてつくり出された、この生態系を「琉球近世型生態系」と名づけたい。

日本本土と琉球との生態系の違い

江戸時代の日本本土でも、水田が造成されたことで「日本近世型生態系」が成り立っていた。一七世紀の本土と琉球とでは、農業型社会を土台にして新たな生態系がつくり出されたということは、打ち消すことのできない共通点といえよう。はたして、本土と琉球とでは何が違うのかといえば、大きな点で三つある。

第一に、琉球では、生態系の頂点に、ヒト以外にハヤブサがいたということだ。もちろん、本土にもタカはいた。細かい点ではあるが、じつはタカとは、オオタカ・ハヤブサなど、タカ目《もく》のなかの中型・小型の総称なのである。大型のものはワシとよばれて区別されている。本土では種類が多いので、ここではタカと総称して説明する。

古代よりタカは権威・権力の象徴であり、タカそのものが献上され、鷹狩りの獲物の鳥までもが贈答品として天皇・将軍に献上され、あるいは下賜された。とりわけ武家社会で鷹狩りがさかんだった江戸時代では、上級武士がタカを飼っていた。贈答品の一例をあげてみよう。幕末の一八五一年、還暦をむかえた薩摩藩主の島津斉興《なりおき》(一七九一―一八五九)は隠居することになり、一二代将軍徳川家慶《いえよし》(一七九三―一八五三)から鷹狩りによって獲られたツルを拝領した。それを祝福するため、首里王府は献上品の検討をしている。

武士は鷹狩りでツル・ハクチョウといった大型の鳥を獲り、これらの獲物が領主のあいだで贈答品として重視されていたのである。したがって、ヒトがタカを飼い、タカが獲った大型の鳥は贈答品として重宝されていた。ヒトとタカとは、たがいに利益を得ながら共生していたというわけだ。

ところが、琉球の場合は、そもそもツル・ハクチョウといった大型の鳥は生息していないし、士族も狩りをするためにタカを飼ってはいなかった。かかるがゆえに、ハヤブサが、ヒトとは別に高次の捕食者として生態系の頂点にたっていたのである。

琉球近世型生態系は今

生態系の違いの話にもどろう。第二に、琉球では、家畜のなかで相利共生の関係にあったのが、ウマだけであったことだ。日本本土の場合は、ウシもそういう関係にあった。肉といえばウシやブタを連想するが、それらが食べられるようになったのは、明治期になって西洋化が進んだからである。江戸時代にはウシを食用にしていなかったので、本土ではウシも相利共生の関係にあった。

なお、図１‐４には示されてはいないが、琉球の場合は、ヒトがブタを飼って食べていたことも特徴といえよう。たとえば、蔡温の治水工事にあたって王から〝豚肉〟がふるまわれていたように、琉球人の食にとってブタは根づいていた。なぜ図１‐４にブタが含まれていないのかといえば、ウマ、ウシ、ヤギとは違う餌を口にしていたからである。この点もまた、近世琉球の〝自立〟にかかわる問題であり、詳しくは終章で明かされる。

生態系の違いとして、第三に、琉球では、イノシシやシカといった獣が生態系に含まれていなかったことだ。もちろん、山々の連なる沖縄本島北部では生息していたのだが、小高い丘しかない中南部では、獣の姿はめったに見られなかったであろう。

一方、本土の場合は、イノシシやシカは、山から下りて人里へ侵入して田畠を荒らした。ヒトはどうしたのかといえば、鉄砲で撃って、しとめた獣を食肉としていたのである。江戸時代の村には、そういう目的で多くの鉄砲が預けられていた。逆にいえば、琉球では獣があまり生息していないので、鉄砲は必要とされていなかったのかもしれない。

はたして、図1‐4で示した琉球近世型生態系は、現在はどうなっているのかといえば、浦添では宅地化が進んで田園風景は見られない。大空を舞うハヤブサの雄姿も、ほとんど見ることができない。川は流れているものの、そのなかで泳いでいる魚の多くは外来種だ。たとえば、ティラピアの一種であるアフリカ原産のカワスズメは、終戦後の食糧難の頃、食用魚として持ち込まれた。

琉球近世型生態系は様変わりして、現在の沖縄本島では失われてしまった。外来魚が放流されただけではなく、美田を失ったことにも原因があるのだろう。琉球近世型生態系をとり戻すために、まだ打つ手はあるのか。もしないのであれば、もはや〝帰化〟している外来魚もふくめて、今の沖縄本島の自然をありのままに受けとめていく必要があるのかもしれない。

沖縄本島における茶の生産

自然へ働きかけて生活を営む百姓の暮らしぶりからは、茶を栽培したり、飲んだりする様子はまったく見えてこなかった。それどころか、景観や琉球近世型生態系にも、茶はまったく含まれてはいない。

そもそも、琉球では、茶は栽培されていたのか。近世中期の一七一三年に編纂された琉球国の地誌『琉球国由来記《りゅうきゅうこくゆらいき》』には、茶について以下のくだりがある。

当国では、茶を飲むのは上古よりあったのか。一六二七年には、尚氏金武《きん》王子朝貞《ちょうてい》が薩摩国から茶の種を持ち帰り、領内の金武《きん》間切漢那《かんな》村(現沖縄県宜野座村)に植えさせた。これが茶の栽培の始まりで、それ以降は所々で繁茂している。

「上古」というのが、どれくらい古いのかはわからないが、少なくとも一七世紀前半より前にあたるのだろう。薩摩が琉球に侵攻してから一八年後に、国王尚豊《しょうほう》(一五九〇―一六四〇)の弟にあたる金武朝貞(一六〇〇―六三)が薩摩から琉球に茶の種を持ち帰り、それから漢那村で栽培が始められたという。

そうはいっても、近世中期の段階で茶が「繁茂」しているという表現は、少々オーバーすぎるのではなかろうか。なぜなら、琉球国の正史『球陽《きゅうよう》』によれば、『琉球国由来記』が編纂されて二〇年後の一七三三年になって、二万八五〇歩《ぶ》(約六・九ヘクタール)あまりの山が切り拓かれて、そこに初めて茶などが植えられたと記されているからだ。中国福州の製法でもってして造られた茶園は棚原《たなばる》山地にあり、そこは今の琉球大学構内の体育館あたりであったとみられている。

ただし、これはあくまで王府用であり、民間のあいだでは、茶の栽培があまり普及しなかったとみてよい。先述した明治前期の『沖縄物産志』においても、こんな記述がある。首里や宜《ぎ》野湾《のわん》(現沖縄県宜野湾市)などではわずかな広さの茶園があるものの、そのほかでは庭の前などに植えているだけで盛んではない、と。

茶の生産が順調にすすまなかったのは、沖縄本島の気候に大きく左右されていたからだともいえよう。なぜなら、台風や潮風といった気象が、茶の生育にとってマイナスの影響をあたえるからである。ただし、沖縄本島の北部は木々に囲まれているので、それらの被害を避けることができたし、おまけに国頭マージも広がっている。この土は酸性で、そういう土壌を好む茶の栽培に適す。だから、北部では茶の栽培が細々と試みられていた。

一見は、近世琉球では、みずから育てた茶を百姓が楽しんでいたような感じがしていた。だが、現実としては、百姓が茶を栽培していたのはほんのわずかで、沖縄本島では茶園が広がるような光景は出現していなかったといえる。

第二章

球磨茶がたどった道

子どもたちをねらって、大きなサメが追いかけて来た。
青年が刀を抜いて立ちあがると、サメはさっと引き返した。
中国の船長は、青年の刀がとても欲しくなった。
たくさんの鉄の板などを運んで、交換してくれと頼んだ。

1　茶はどこから

サンピン茶の由来

近世琉球の沖縄本島では、ほとんど茶は生産されていなかった。そこで第二章では、沖縄本島の外部に視野を広げてみたい。その手始めとして、現在の沖縄で、よく飲まれているサンピン茶というモノに目をむけてみよう。ひょっとしたら、近世琉球から今日にいたるまで、島の外からサンピン茶がもたらされて、脈々と飲み続けられている可能性もあるからだ。

まずは、サンピン茶の名の由来についておさえておく。漢字では「香片」という字があてられ、大陸の中国語では、これはジャスミンを中心とした香りのついた茶のことをあらわす。琉球・中国・日本本土では、それぞれが次のように発音される。

琉球語　サンピン（あるいはシャンピン）
中国語　シャンピェン（方言によってはヒャンピエン）

日本語　コウヘン

「香片」についてみれば、琉球語の発音は、日本語よりも中国語の発音にはるかに近い。おそらく中国語からもたらされた「香片」という言葉が、そのまま琉球語として使われているのだろう。そうだとすれば、琉球語は中国語の流れをくんでいるように思われるかもしれない。しかし、言語学者の石崎博志は、琉球語の特色について、意外な真実をついた。

こと言語に関して言うなら、琉球語は圧倒的に日本本土の言語の影響を受けつつ、独自の変化をしたといえる。

具体例をあげてみよう。図１－１で見た樋川は、「ヒーガワ」↓「ヒーガー」↓「ヒーギャー」と転じ、やがて「ヒージャー」と発音されるようになった。旧暦三月に、図１－３で示したような墓の前で先祖をまつる、清明祭《せいめいさい》という行事がある。先祖の墓に詣でるという中国の習慣があり、それにならって沖縄でも広まったという。清明は、次のように発音する。

琉球語　シーミー
中国語　チンミン
日本語　セイメイ

「清明」という琉球語の発音は、中国語よりは日本語の方が似ていよう。清明祭という行事は中国から琉球に直接もたらされたものの、その言葉自体は、中国↓日本本土↓琉球というルートをたどっても入ってきたと想定されている。ということは、中国語の流れをくむ「香片」は、数少ない例外のひとつだったのだ。

中国・台湾の茶業

琉球語が日本本土の影響を圧倒的に受けていたとすれば、「香片」はどう解釈すればよいのだろう。こんどは茶の種類に注意をはらってみたい。

世界的にみると、茶のおもな種類としては、発酵させない緑茶と、発酵させる紅茶という二タイプがある。進貢貿易の窓口となっていた中国福州あたりは、それらとは別の烏龍《ウーロン》茶の名産地であった。烏龍茶とは、緑茶と紅茶との中間的な製造法による、半発酵させた茶のことをさす。とくに福州一帯では、一九世紀半ばから香味の一段と高い品種が栽培されていた。

近世琉球においては、福州から烏龍茶などが輸入されていた。だからといって、明治以降も、たえず輸入されていたのかといえば、そうでもない。沖縄のとなりには、台湾がある。茶業が大発展をとげた台湾では、一九世紀後半には、茶は世界市場とつながる主力輸出品となった。一八九五年に日清戦争で日本が勝利をおさめると、それ以降、日本統治下となった台湾から、ジャスミン茶のように香りのついた茶がアジア各地へ大量に輸出された。

とりわけ、一九三七年に日中戦争が始まると、中国から沖縄へ茶の輸入が途絶えることになった。そこで台湾では、今後は沖縄への茶の販売がおおいに増えることを予想して、沖縄における茶の動向が調べられている。それによれば、一九三五年度に沖縄は一六一万斤《きん》（九七万キログラム）の茶を購入しているが、内訳は中国から三五万斤、日本本土から五一万斤、台湾から七五万斤というから、だいたい半分は台湾から購入されていたことになる。これほどまで茶の需要があるので、台湾の輸出商は那覇に五か所の支店を置いていたという。

なお、沖縄における茶の好みは、次のようにしっかり分析されている。

沖縄は多量に茶を飲用する（一人あたり四二〇〜四三〇匁《もんめ》）がため、味はきわめて淡泊にして、苦み・渋みなどはほとんどなきを好む。

つまり、一九世紀後半から、台湾などから「香片」とよばれる香りのついた茶が大量に沖縄へもたらされた。こういう事情も手伝って、中国語の「シャンピェン」という名がそのまま使われ、それが転じて「サンピン」と発音するようになったと考えられよう。

中国からの茶の輸入量

近世琉球において中国茶が輸入されていたことを、きちんと確認しておきたい。表2－1には、近世中期の一七六七年における中国からの輸入品を一覧にした。

総計七一品目のうち、もっとも輸入されているモノのひとつに「中茶葉」がある。福州から輸入される茶には、上級から下級にかけて「細茶」「中茶」「粗茶」という三つのランクがあった。序章で漂流民へ支給されていたモノのなかにふくまれていた「上茶」「中茶」とは、それぞれ細茶・中茶をさすのだろう。いずれにせよ、琉球に漂着した日本人は、貴重な茶でもてなされていたといってよい。治水工事を成功させた蔡温に対して、国王は「御茶」を下賜していた。敬語をあらわす「御」という字がついているところをふまえると、こちらもまた細茶だっ

表 2-1　1767 年における中国からの輸入品

品目	数量	単位	品目	数量	単位
粗薬材	30,420	斤	湖綿	20	斤
中茶葉	21,744	斤	雄黄	20	斤
甲紙	19,040	斤	浄棉花	20	斤
白糖	15,120	斤	宜興礶	15	斤
線香	11,200	斤	篦箕	74,250	個
砂仁	11,100	斤	漆木盤匣	1,150	個
銀硃	7,110	斤	小皮鼓	30	個
氷糖	5,500	斤	牛筋線	2,755	条
白苧麻	5,500	斤	緞腰帯	10	条
胡椒	4,850	斤	漆木箱	88	隻
桔餅	3,850	斤	毛辺紙	33,120	張
水銀	3,100	斤	連史紙	7,720	張
玳瑁	2,919	斤	色紙	3,600	張
細磁器	2,837	斤	小油紙	3,000	張
粗磁碗	1,925	斤	小胭脂	3,000	張
粗毡條	1,740	斤	紙裱字画	12	張
蜂蜜	1,400	斤	蛇皮	5	張
虫糸	1,105	斤	中紬共	2,270	疋
黄蠟	1,070	斤	粗夏布	1,837	疋
白礬	1,010	斤	粗冬布	1,602	疋
寿山石	900	斤	斜紋布	501	疋
蜜浸糖果	850	斤	中縐紗	385	疋
土糸	720	斤	中緞	278	疋
安息香	560	斤	織絨	150	疋
蘇木	500	斤	土絹	135	疋
川連紙	266	斤	中綾	74	疋
生漆	250	斤	中葛布	50	疋
苧線	200	斤	繭紬	37	疋
錫器	199	斤	土紬	30	疋
徽墨	195	斤	糸布	4	疋
浸油香料	170	斤	粗扇	33,250	把
粗香餅	130	斤	油傘	2,252	把
棉紗帯	110	斤	白紙扇	950	把
速香	100	斤	故紬布	24	件
沈香	95	斤	故布衣	8	件
広木香	30	斤			

出典）中国第一歴史檔案館編『清代中琉関係檔案選編』（中華書局，1993 年）により作成

たのかもしれない。

中国から輸入された茶は、どれくらいの消費量だったのだろう。もちろん、輸入量は年によって増減を繰り返す。ひとつの目安として、一七六七年段階の輸入量を分析してみたい。清代では一斤＝約〇・五九七キログラムであったので、中茶葉二万一七四四斤＝一万二九八一キログラムという計算になる。

前述したように、一九三五年頃の茶の年間消費量は、沖縄では一人あたり四二〇〜四三〇匁（約一・六キログラム）とみなされている。ただし、これは一六一万斤という膨大な量の茶が沖縄にもたらされていた時代の話である。近世琉球における茶の年間消費量を、もう少し減らして見積もることにしよう。仮に一人＝一キログラムが茶の年間消費量だったとすれば、中茶葉二万一七四四斤は、およそ一万三千人で消費されたことになる。

次に近世中期の一七二九年の琉球国の総人口は一七万人あまりで、そのうち首里などの都市部には約三万三千人が暮らしていた。残り約一四万人のうち、そのほとんどが百姓である。進貢貿易の運営主体が首里王府であったことをふまえれば、中国茶を飲むことができたのは、首里などに住む上級士族か、もしくは商売などをする富裕層だけだったのかもしれない。

球磨茶の生産地

中国茶は琉球全体であり余るどころか、上流クラスなどの一部の層しか飲めないほどの輸入量でしかなかった。百姓にとって、中国茶はなかなか手の届かない逸品だったにちがいない。だからといって、百姓がまったく茶を飲めなかったわけでもない。琉球国の太い貿易ルートが、もう一つあったからだ。こんどは、日本本土に目を転じてみよう。

琉球を支配下においていた薩摩藩でも、吉松《よしまつ》(現鹿児島県湧水町)をはじめとした領内の各地で茶が栽培されていた。琉球は薩摩から茶を輸入していたが、じつは薩摩産の茶とは比べようもないくらいに好んだ銘茶があった。近世後期の一八〇六年に、その〝茶〟をどうしても入手したい琉球側は、薩摩に切実な願いを伝えた。

琉球では、士族から地位・身分の低い者にいたるまで、日常では求麻《くま》茶を飲んでいる。

琉球の庶民までもが、そこまで愛した〝茶〟とは、「求麻茶」という銘柄であった。「求麻」とは、すでに登場した地名である。そこは「はじめに」で沖縄からの疎開者が滞在していた球磨地方、今日でいう熊本県人吉市・球磨郡のことをさす。現在の地名にならい、これからは求麻茶のことを「球磨茶」と記す。

球磨茶の生産地である球磨地方の地形を、一言でいえば盆地といえる。四方を山々に囲まれ、その真ん中を東から西へ向かって急流の球磨川が流れている。江戸時代に、この地を支配していたのは人吉藩である。政務をおこなう拠点ともいえる人吉城が築かれたのは、球磨郡の中心地、人吉である。球磨川をはさんで、人吉城の対岸には城下町が連なる。その街並みを西へ進んでいけば、町のシンボルともいえる青井阿蘇神社《あおいあそじんじゃ》が堂々と建つ。地元では「青井さん」の呼び名で親しまれており、球磨地方における社寺造営の手本となったなどの理由から、二〇〇八年には国宝に指定された。

球磨地方には、美しい神社仏閣が点在していることにも特徴がある。そのうち二点を紹介しよう。この地における最大級の仏像が、栖山観音堂《すやまかんのんどう》(現熊本県多良木町)の木造千手観音立像である。クスの巨木を用いて、平安時代(七九四―一二世紀末)後期の一二世紀に作られたとみられている。**図2―1**は青蓮寺《しょうれんじ》阿弥陀堂(現多良木町)である。鎌倉時代(一二世紀末―一三三三)後期の一二九五年に建立されたという。阿弥陀堂と、その中に安置されている木造阿弥陀如来三尊像は、ともに国指定重要文化財に指定されている。

図 2-1　青蓮寺阿弥陀堂

相良七〇〇年

球磨川、人吉城跡、青井阿蘇神社、青蓮寺阿弥陀堂などの文化財四一点は、二〇一五年に「相良《さがら》七〇〇年が生んだ保守と進取の文化――日本でもっとも豊かな隠れ里―人吉球磨」というタイトルで、文化庁の日本遺産の一つに認定された。長い年月をかけて、球磨地方ではぐくまれた歴史や文化のことを深く知るためのキーワードが、なんといっても「相良七〇〇年」といえよう。

江戸時代には年によって異なるが、およそ二六〇の藩が各地を領しており、そのうち最大は加賀藩で石高は約一〇三万石にもおよぶ。琉球国を支配していた薩摩藩の石高は約七三万石、うち琉球国は約九万石。一方、人吉藩の石高はわずか二万二千石あまりということは、加賀藩の約四七分の一、薩摩藩の約三三分の一、琉球国と比べてみても四分の一ほどしかない。

小さな人吉藩を治める大名として、球磨地方に君臨したのが相良氏である。祖先は、鎌倉初期には将軍に仕える東国の御家人であった。この地へ下向して、一三世紀初めの一二〇五年には荘園の地頭職に任じられている。中世には一族の内紛が起こって足並みが乱れるものの、それをまとめきると、一挙に戦国大名にまで成長していった。

戦国大名としてめざましく飛躍していく、その立役者となったのが、相良義滋《よししげ》(一四八九—一五四六)と晴広《はるひろ》(一五一三—五五)である。父子で三〇年ばかりの治世であったが、内外ともに活躍をみせた。たとえば、一五三四年には、八代《やつしろ》(現熊本県八代市)に新たな城を構えて本拠を移した。山々に囲まれた球磨郡内から、外洋に面した八代へ打って出たのである。貿易船を建造し、明(中国)だけではなく、なんと琉球国へも派遣した。

だが、晴広が没すると、相良氏には暗雲がたちこめる。手ごわい薩摩の島津氏との抗争で大敗を喫してしまい、相良氏は彼の軍門にくだった。一五八七年に天下人の豊臣秀吉は、九州の平定をめざして、島津氏を制するためにみずから大軍を率いた。すると、島津氏が降伏する直前に、こっそり秀吉に通じたのである。この策略が功を奏して、かろうじて相良氏は、球磨郡の支配のみを許されることになった。

秀吉からは文禄・慶長の役への出陣も命じられたことから、朝鮮へ軍を渡海させている。一六〇〇年の関ヶ原の戦いでは、初めは石田三成《みつなり》（一五六〇―一六〇〇）を中心とする西軍について、大垣城（現岐阜県大垣市）を守っていた。これもまた、東軍の主将である徳川家康側に内通して寝返ったことで、戦後は処分されることなく、そのまま所領を安堵された。

結果として、鎌倉時代から一八七一年の廃藩置県によって人吉藩が廃されるまでの約七〇〇年間も、相良氏はこの地を領した。「相良七〇〇年」といわれるゆえんである。これほどまでの長い期間、同じ領主が支配をし続けたことによって、独自の仏教美術や暮らしと文化がうまれ、そして今も大切に守られている。

２　琉球人が愛した茶

村の世界

はたして球磨茶はどのような茶だったのか。さらに、その味まで突きとめたい。

江戸時代の日本本土では、村の概要を知る手がかりの一つとして、「村明細帳」と称される帳簿が作成され、領主に提出されていた。今でいう市町村勢要覧のようなものといえよう。球磨地方にも、江戸後期以降に作成された『黒肥地村明細記《くろひじむらめいさいき》』という村明細帳が現存している。これを参照しながら、球磨茶を生産していた村の世界をのぞいてみよう。

黒肥地村とは、球磨地方の東部、現在の行政区画でいえば多良木《たらぎ》町の北部にあった村のことをさす。図２－１の青蓮寺阿弥陀堂が集落のなかにランドマークのようにそびえ、山の奥に栖山観音堂がひっそりと鎮座している。耕地面積の約六割は水田が占め、残りの四割弱は畠であった。この村は水源に恵まれている。山から幾筋もの川が流れているからである。さらに球磨川からも用水路を引くことによって、新田が切り拓かれた。わずかに焼畑《やきはた》もあるのだが、これについては、のちにふれることにしたい。

次に集落をみると、人口は一八三五人(男九四四人、女八五八人、出家など三三人)で、大半は青蓮寺の檀家であった。しかし、村民のほとんどが百姓だったわけではない。江戸時代は兵農分離の社会ともいえ、原則として武士は城下町に居住し、百姓は村で暮らした。ところが、そういう社会でも、各地には武士身分でありながら、村に住む「郷士《ごうし》」とよばれる者がいた。つまり、黒肥地村にも多くの郷士が暮らしていたのである。

集落のなかには、非常時のための倉庫も置かれていた。江戸後期の一七八三年の大凶作に端を発し、東北地方を中心に大飢饉が起こり、多数の餓死者をだした。世にいう天明の飢饉である。悲惨な体験をふまえたのだろう。大凶作から五年後に、人吉藩が村々に籾の貯蔵を命じたことから、黒肥地村でも飢饉などに備えて、倉庫に籾を貯えることにした。これを「囲穀《かこいこく》」とよぶ。

家畜の数も八七四頭（ウマ五五〇頭、ウシ三二四頭）と多い。これは一軒あたり約二頭が飼われていた計算になる。家畜は田畠を耕し、糞尿は肥やしにもなる。江戸時代の黒肥地村には、家畜の糞尿の臭いがただよい、にぎやかな鳴き声も朝から響いていたことだろう。集落の背後に連なる山には木々が茂り、そこにイノシシ、シカ、タヌキ、キツネなどの獣たちがすみ、村人は鉄砲などで狩りをした。

山からは、山菜という副産物もあった。村人たちが飢饉対策を講じていたとはいえ、囲穀の量には限りがある。それが尽きようとした場合にはどうしたのかといえば、山菜が非常食にもなった。もし飢えをしのぐために葛の根やわらびなどを採ろうとして、仮に山に入ることができなければ、それは村人の死活問題に直結するのだが、これについては終章で明らかになる。

アメリカ人が絶賛した田園風景

戦前の話である。一九三五年一一月から約一年間、アメリカの人類学者ジョン＝エンブリー（一九〇八―五〇）は、球磨地方の須恵《すえ》村（現熊本県あさぎり町）に住み込んだ。この期間中、陸軍の青年将校らによる有名な二・二六事件が起こっている。このクーデターを鎮圧した軍部は政治的な発言力を強め、これ以降、社会は少しずつ軍国主義の風潮にそまっていく。そういう緊張感がただよい始めた時代に、彼は妻と一緒に、村人たちととけこみながら生活した。

来日したねらいは日本の農村生活の総合的・社会的な研究をすることにあり、そのために庶民の暮らしを調査した。なぜ須恵村を選んだのかといえば、ここが日本の田舎を代表するような、典型的な村のひとつと考えたからである。幼い頃に日本で暮らし、日本語が達者であった妻エラ（一九〇九―二〇〇五）の協力があったのも、調査の進展にとって大きく役立った。

アメリカに帰国してから、彼は一九三九年に『日本の村――須恵村』というタイトルで調査成果をまとめ、それが出版されると大きな反響をよんだ。たとえば、アメリカの日本文化論として著名な一冊に、一九四六年に刊行された、文化人類学者ルース＝ベネディクト（一八八七―一九四八）の著書『菊と刀』がある。訪日したことのない彼女が、なぜ日本文化論を執筆できたのかといえば、エンブリーの著作を参照していたからなのだ。

この肥沃《ひよく》な球磨の平野は、稲作の理想郷であり、ここから日本で最もいい米が産出されるのもふしぎではない。

エンブリーは、球磨地方の田園風景について、このように絶賛している。球磨川やその支流を利用して網の目のように広がる用水路が、稲作をささえていると彼は言う。また、農村の景色や村人たちの姿などを、写真として一六〇〇枚ほどおさめてもいる。そのうち、茶に関するほんの数枚をのちに紹介したい。

百姓の四季

『日本の村――須恵村』に記された四季の暮らしを参照しつつ、『黒肥地村明細記』を読み解いてみると、黒肥地村の村人たちは、こんな一年を過ごしていたことになる。

生活は男女ともに農業が中心であり、米以外では大麦、小麦、粟、苧《からむし》、サツマイモ、胡麻、蕎麦、大豆、綿、煙草、大根、小豆、芋が栽培されていた。とはいえ、正月からは、さすがに寒くて農作業ができない。そういう時には、男は日雇いや山稼ぎをし、女は織物にはげむ。山稼ぎとは、冬場には狩猟をするので、たとえば獣の肉や皮を売っていたのであろう。もう一方の織物とともに養蚕もおこなわれ、繭を煮て引き延ばして真綿《まわた》がつくられた。

やがて暖かい春になると、ようやく農業に打ちこめるようになる。田起こしをして、初夏には田植えが始まる。同じ頃は、茶摘みと製茶の作業でも忙しい。田んぼには確実に水を入れなければ、稲は順調に育たない。水の流れをよくするために、用水路にたまった汚泥を取り除いた。夏になると田の草取りでも忙しくなり、おそらく自家製の醤油《しょうゆ》や味噌づくりも始まっていたであろう。農繁期の秋は稲刈りで大忙しの日々で、粟などの雑穀も取り入れた。刈り取った稲を脱穀したあと、冬にはサツマイモや大根も収穫された。

以上、村人のおおまかな四季を復原したが、そのうち生産された綿、煙草、織物、真綿、茶は、自家用以外は売買されていた。ほかにも、村民の収入源となったモノとして椎茸《しいたけ》と苧があげられる。山で栽培された椎茸は、乾燥させるなどして食用とした。乾燥椎茸は、今でも球磨地方の特産品の一つとなっている。

一方、イラクサ科の苧の茎からは繊維がとられ、糸として紡がれて他国へ販売されていた。

一七世紀の日本本土では、新田開発によって見渡すかぎりの水田が広がった。その反面、田んぼはウンカなどの虫害にも悩まされた。そこでウンカの発生の多い九州を中心とした地域では、一八世紀前半からウンカを駆除するため、水田の表面に少しだけ鯨油《げいゆ》を流し、その油膜に稲についた虫を叩き落として窒息死をさせていたのである。苧は、その油のもととなるクジラを獲る網の原料となった。

茶と椎茸・苧は、ある大事件が起こる火種となるのだが、これについても終章で明かされる。

焼畑という農法

沖縄本島と球磨地方の百姓の暮らしの共通点は、新田開発によって水田農業を生業としていたことといえよう。大きな違いといえば、球磨地方では山とともに生活していたことにある。狩猟もあったが、なんといっても焼畑がおこなわれていた。

焼畑とは、一般的に山野を伐り払って火をつけて焼き、その灰を肥料として作物を育てる農法のことをさす。江戸時代の球磨地方では、焼畑は広くおこなわれていた。黒肥地村では、焼畑の面積がわずかであったことを先に述べた。しかし、これはあくまで年貢が課された場所のみである。それが課されない、いいかえれば無税の焼畑が、広範囲でおこなわれていたことは想像に難くない。球磨地方の焼畑がどのような農法であったのかは、一人の民俗学者が、そのあたりの実情をそっと教えてくれる。宮本常一《みやもとつねいち》（一九〇七―八一）である。

彼は、一九六二年に球磨地方を旅した。その頃の日本といえば、年平均の経済成長率が一〇パーセントをうわまわるほどの高度経済成長を続けていた。世のなかが右肩上がりの経済成長をして熱狂していくなか、球磨地方のまわりでは焼畑が残されていたのである。それには、夏コバと秋コバという、二つのタイプがあった。なお、「コバ」とは、球磨地方の言葉では焼畑のことをさす。

夏コバとは、夏に山を伐り払い、枯れた木に火をつけて焼く。そのあとアラムギをまき、二年目の初夏に刈り入れる。続けて粟・大豆かサツマイモを栽培する。冬は耕地を休ませ、最後の三年目にはトウモロコシか小豆をまき、その収穫が終われば、もとの山にかえす。

一方、秋コバとは、秋に山を伐り払い、二年目の初夏の頃に火を入れて蕎麦をまく。三年目の春には稗《ひえ》をまいて秋には収穫し、四年目には小豆・粟、五年目には大豆、最後の六年目にはトウモロコシをつくる。

いずれの焼畑も、一見は木を焼くので、ヒトの手によって大自然が削り取られているように思えるかもしれない。ところが、焼かれた木の灰が肥料となって作物が育つ。しかも、焼畑が終わると山の姿に戻し、木々が成長したら、ふたたび焼畑というサイクルを繰り返していく。

したがって、球磨地方の焼畑は、自然に順応した、いわば持続可能な農法であったと評することができよう。

山　茶

図２−２、**図２−３**は、一九三六年の五月上旬にエンブリーが撮影した須恵村の写真である。図２−２では、女性二人が腰に籠を携えて、茶の若葉を摘んでいる。図２−３の上部では摘みとられた葉を大釜ですばやく煎り、下の方では熱処理された茶葉の入念なもみが繰り返されている。いずれも、すべて女性の手作業だ。そのあとに乾燥させると、新茶ができあがる。

もう一度、図２−２に注目してほしい。現在の茶園といえば、平坦な地に、茶の木が整然と並ぶ姿を思い浮かべよう。ところが、この写真で女性が茶摘みをしているのは、山の中なのだ。しかも、一面に茶の木が広がっているというよりは、むしろ雑木のなかから茶の木を選び、若葉を摘み取っているといってよい。

このような茶を「山茶《やまちゃ》」とよぶ。丈の低いところに特色があり、高さはわずか二〇ないし三〇センチメートル〜一メートルしかない。図２−２の女性が前かがみの姿勢なのは、まさに丈が低いからなのだろう。山茶の根は火に対して強い性質をもつ。そのため、焼畑で火入れをおこなっても根だけが生き残り、二、三年目から生育し始める。だから、焼畑のあとに勝手に山

図 2-2　茶摘み

図 2-3　製茶

茶の木が自生してくるのである。すなわち、球磨茶の性質とは、基本的には焼畑のあとに自生する山茶だったのだ。

はたして球磨茶は、どのような味なのか。球磨地方出身の考古学者に乙益重隆《おとますしげたか》（一九一九―九一）がいる。彼は、故郷での暮らしぶりをこう回顧した。山へ入った時に茶を飲む場合は、まず竹を斜めにスパッと切り、節の部分を落として谷川の水を入れる。次に、野生の茶一枝を切り、それを焚火《たきび》でバリバリとあぶり、むしって竹筒に入れる。その竹筒もまた焚火であぶり、茶を煮て飲んでいた、と。さらに、こんな味であったと打ち明けた。

お弁当のときなんか、ちょっと青くさいですけど、なかなかいい香りで、これにくらべれば普通のお茶などはまずくて飲めません。

〝香りが強い〟、これが球磨茶の風味なのである。

そもそも茶は、一日の温度の差が大きい地域で香味のすぐれた茶ができるという。球磨地方は盆地なので、まさに昼と夜との温度差が大きい。こういう自然条件があったからこそ、香味のすぐれた球磨茶が生産されていたというわけだ。

茶の専売制の始まり

人吉藩は、江戸前期の一六三七年に茶の検地をおこない、それから約一世紀後の一七四六年には畠のまわりの畦に茶を植樹させている。これにより山茶は、山の中だけではなく、人家のまわりにも広がっていったことだろう。

江戸中期の宝暦・明和期(一七五一―七二)に藩に納められた茶の総量は、合計三万五六〇斤である。日本本土の場合は、明治にはいった一八九一年に一斤=〇・六キログラムと定められたので、これにしたがえば一万八三三六キログラムという重さになる。前述した近世琉球の例にならって、一人あたり一キログラムが茶の年間消費量だったと仮定すれば、これは約一万八千人分の消費量しかない。ただし、これはあくまでも茶の上納量であって、生産量ではない。自家用もふくめれば、実際には最低でも、その数倍の茶が生産されていたとみてよい。

それどころか、隠された茶の産地があった。人吉藩には椎葉山《しいば》(現宮崎県椎葉村)と米良山《めら》(現宮崎県西米良村・西都市)という山間部が隣接している。前者は幕府、後者は米良氏という旗本の領地である。公式としてはそうなのだが、実質的には人吉藩に管理が委ねられていた。これらもまた焼畑が盛んな地域であり、山茶の名産地でもあった。だから、椎葉・米良産の茶も人吉藩に流通していたとみられている。やがて、山茶の価値の高さに関心をよせるようになった人吉藩は、ある余儀なき理由から、大量に生産されている茶の上納の強化に動きだす。

江戸初期における人吉藩の財政は安定していたが、時代がくだるにつれて苦しくなっていった。財政の行き詰まりを打開すべく、人吉藩は、大坂商人からの借金によって、なんとか財政難をのりきろうと試みるも、それは一時のがれの策略にすぎず、かえって借金は累積していった。藩は新たな財源として、球磨地方の主要産業のひとつ、林業からの収入にたよった。借金の返済のために木々が伐採されていったものの、江戸後期には伐り絶やしてしまう。

窮乏の度をふかめていく財政難をたてなおすために、次に藩は茶などの特産品に目をつけた。どのようにして茶の上納を強化したのかといえば、その方法が専売制なのである。一般的に専売制とは、ある商品を独占し、それを一手に販売する制度のことをさす。その商品は、できるだけ需要の多い方がのぞましい。なぜなら、需要が多ければ多いほど、それだけ高値で取り引きされるので、藩財政にとってプラスに作用するからである。

人吉藩は領内の特産物の専売を目的とした産物会所《さんぶつかいしょ》を設け、江戸後期の一八〇二年に苧、その二年後には茶が産物会所で買いあげられることによって専売制が始まった。これが功を奏して、一時的には藩財政も好転するが、この専売制もまた、ある大事件が起こる引き金となる。

3　球磨茶に飛びついた者たち

琉球館

球磨地方から、球磨茶はどのようにして琉球へもたらされていたのか。それだけではなく、なぜ琉球人は球磨茶が好きなのか、その理由も明らかにしたうえで、球磨茶をねらう者たちの攻防をみていくことにしよう。

まず販売ルートをおさえておくと、人吉藩は海外への貿易港をもっていなかった。したがって、「四つの口」の一つ、薩摩から琉球へ輸出されていたので、当然ながら薩摩藩の管理下におかれていた。その窓口として城下町の鹿児島におかれていたのが、「琉球館《りゅうきゅうかん》」とよばれる首里王府の出先機関である。長崎におかれたことで有名な出島の、鹿児島版とイメージした方がわかりやすいかもしれない。

まず江戸初期に島津氏が琉球を侵攻したあと、琉球国王の尚寧は鹿児島に連行されたが、その時には薩摩の外港である山川と鹿児島城下に宿舎が建てられた。そののちに、鹿児島城下に「琉球証人屋敷」とよばれる施設も置かれた。それらとは別に琉球館は設けられたのだが、いつ移転してきたのかは不明である。もともとは「琉球仮屋」と称されていたが、江戸後期の一七八四年にこのように改名された。琉球館がおかれていた場所は、今の鹿児島市立長田中学校の敷地あたりである。

琉球館は武家屋敷のように石塀で囲まれており、門には二本の旗がなびいていた。面積は三五九九坪(約一・二ヘクタール)であるから、出島よりひとまわり小さい。首里王府の役人が常駐していたが、彼らが館外に住むことは禁じられていた。おもな役割が何だったのかといえば、琉球国は薩摩藩から資金を借りて進貢貿易をおこなうかわりに、薩摩の要求に応じて中国からの品物も買い入れた。琉球館は、それらを保管する蔵屋《くらや》敷《しき》としての役割を果たしていたわけである。

中国からの輸入品を唐物《とうぶつ》という。琉球が入手した唐物も鹿児島城下で売却されていたが、その利益の一部を薩摩に上納するという決まりがあった。唐物を売ることによって得られた銀も、琉球が進貢貿易をする際の購入資金にあてられていた。このように琉球国は、琉球館をとおして薩摩と貿易をおこなっていたが、取り引きされていたのは唐物だけではなかった。

球磨茶が選ばれる理由

薩摩から琉球へ廻船が進出し、この船によって、琉球から上納米などが積み出され、逆に琉球へ茶・煙草や昆布などがもたらされていた。だが、それでも日用で使う茶や煙草が足りないので、琉球側は、船頭や水夫らが私用で持っているモノまで買うしかない。江戸後期の一七八三年に、琉球館の役人は、薩摩藩の役人にそんなことを嘆いている。

ここで注意してほしいのは、茶が日用品よりは、むしろ嗜好《しこう》品ということだ。輸入をし、あるいは密輸をしてまで、琉球人は茶を飲みたがっていたのである。とはいえ、茶にもいろんな産地があるにもかかわらず、なぜ球磨茶を欲しがったのだろう。それから約二〇年後の一八〇六年に、琉球館の役人たちは、薩摩の役人に対して、こんな不満を口にした。

> 薩摩製の茶を取り寄せて風味を試したところ、球磨茶より、あまりにも香味が良くない。船中に積み込んで運ぶとすれば、琉球は遠海にあるので、必ず香りが落ちてしまう。

すなわち、琉球人は、球磨茶の香味のすぐれた点を好んでいたのだ。先に近代の沖縄における茶の好みを述べたが、それをふまえて球磨茶が選ばれた理由を推しはかってみよう。沖縄は暑いので、のどがかわきやすい。すなわち、現在のサンピン茶のように、〝うまみ〟よりも〝香りが強い〟球磨茶の方が飲みやすかったのではなかろうか。

　このように琉球が飛びついた商品価値の高い球磨茶を、だまって見逃す者がいるだろうか。こんどは、貿易を管理する薩摩藩が飛びついた。藩内では、なんと球磨茶の製法でもってして、茶の栽培を願い出る者がいたのである。薩摩藩はこれを拒否するどころか、逆に許可をあたえ、この製法による茶が知られるようになるまでは、球磨茶の輸出を禁じようとした。

　球磨茶が入手できなくなれば、琉球国内での需要の大きさにこたえることができない。琉球館の役人は、どうしても届けなければならない方がいると訴え、ひとまず六〇〇俵の球磨茶の購入を嘆願した。これで何人分くらいの茶の消費量なのだろう。

　一俵とは、地域によって差があるが、だいたいは四斗(七二リットル)くらいの容積をあらわす。近代の例ではあるが、一九一三年の沖縄において、日本本土からは、おもに福岡、熊本、鹿児島の三県から茶を仕入れていた。その頃は、一俵＝四五斤入りの茶であったという。これをふまえれば一俵＝二七キログラムとなり、六〇〇俵＝一万六二〇〇キログラム＝約一万六千人分の茶の消費量となる。これは前述した近世中期における中国茶の輸入量よりも多い。

　ところで、球磨茶の模造品をつくろうとした薩摩藩の企てどおりには進まず、その後も薩摩をとおした球磨茶の琉球への輸出は続けられた。それどころか、琉球側が求めた球磨茶六〇〇俵というのは、一時をしのぐために要望した量であり、現実にはもっと購入されていた。

琉球の「国癖」

球磨茶には、当然ながら生産地の人吉藩も飛びついた。そのために専売制がしかれたことを先述したが、これが琉球国にとって大きな痛手となった。産物会所で茶の買いあげが始まってから七年後の一八一一年に、琉球館の役人は、球磨茶の販売状況に頭をかかえていた。

かつて琉球国は、人吉藩と取り引きする商人から、毎年一五〇〇俵の球磨茶を値段も安く手に入れていた。近ごろは産物会所が商品を取り扱うようになったため、球磨茶に関しては、四人の商人をとおして従来の値段の一割増しで売られることになった。ところが、その販売を請け負った商人たちは、それを自分勝手に法外の高値で売りつけるため、球磨茶は一割どころか、二割以上も値上がりしていたのだ。

問題は、それだけではない。もともと球磨茶は、品質が上・中・下という三つのランクにわけられて産物会所に納入されている。しかし、球磨茶の販売を請け負った商人らは、せっかく上・中・下と選別されているにもかかわらず、それらすべてを混ぜて売り出している。そのため、販売されている球磨茶の質が低下しているというわけだ。球磨茶が高値になり品質も落ちたため、琉球では迷惑している。もし球磨茶の購入ができなくなれば、薩摩国か、もしくは肥前国《ひぜん》(現佐賀県・長崎県)などから茶を入手することもできよう。それでも琉球館の役人は引きさがらなかった。

琉球においては、古くから球磨茶に慣れ親しんでいる。それは、誠に「国癖」のようなものだ。かかるがゆえに、他国の茶ではいっさい納得することができないどころか、球磨茶でなければ誰も承知しない。

球磨茶のことを、琉球にとって「国癖」とまで言いきっているのだ。「国癖」とは、国をあげて好み、習慣化しているという意味だろう。それほどまで琉球人は球磨茶を愛していたのである。どうしても球磨茶を手に入れなければならない琉球館の役人は、人吉藩から直接に買いたいと薩摩藩に要望し、次のような具体的なプランを提案した。

人吉藩から商人へは、毎年およそ三五〇〇〜三六〇〇俵の茶が渡されている。まずは琉球側が、毎年どおり一五〇〇俵を人吉藩から買う。次に人吉藩は、残り二千俵あまりの茶を商人の手に渡す。そうすれば、それも琉球側は商人たちから購入できるし、相応の利益があるので商人も困らないのではないか、と。

直接に買うとはいっても、結局のところ、琉球側は球磨茶をすべて、しかもなるべく安く確実に手に入れたいのである。このプランを薩摩が聞き入れたのかはわからない。注目すべきは、琉球側が求めた三五〇〇～三六〇〇〇俵という茶の量である。上述した数式にあてはめれば、これは約九万五千～九万七千人分の消費量に相当する。これほどの量であれば、琉球の隅々にまで球磨茶が行き渡っていたことだろう。

石本家の登場

薩摩藩と琉球国とのあいだで、船乗りたちの私用品までが販売されていたということ、言い換えれば密貿易がおこなわれていたということは、幕府にしてみれば大問題である。よって、幕府は薩摩藩の琉球貿易を統制下におこうと試みた。

江戸後期の一七八九年に、薩摩藩は白糸《しらいと》・紗綾《さや》二品以外の他領販売禁止を命じられた。白糸とは生糸のこと、紗綾とは絹織物のことをさす。それから一三年後には薬種類の輸入も禁じられた。これは自国用の輸入も認めないほどの厳しい内容であった。それでも幕府は監視がうまくできないことから、一八一〇年からは、長崎に設けられていた貿易機関である長崎会所《かいしょ》の管理下におくことで、琉球貿易を直轄しようとしたのである。そこまでしても不完全のままに終わった。なぜなら、あいかわらず薩摩の密売が続いたからだ。ともあれ、長崎という土地柄が呼び水となり、茶の販売をめぐって、ある有名な豪商が登場する。

肥後国の南西部には、大小一二〇あまりの島々からなる天草《あまくさ》がある。この島に、資本を蓄積して、諸大名に資金を貸しつける金融業者があらわれていた。とりわけ、江戸後期の天草は江戸幕府の領地であったことから、幕府に近づいて世間に知られる豪商にまで躍進する者がいた。その一人が御領《ごりょう》村（現熊本県天草市）の石本《いしもと》家で、当主は代々「勝之丞《かつのじょう》」を名乗り、隠居すると「平兵衛《へいべえ》」と称した。

石本家は百姓の出なのにもかかわらず、その発展ぶりは目覚ましかった。江戸後期の一八一八年には、長崎に支店を構えた。幕府の直轄地であった長崎へ進出したことは、石本家と幕府との結びつきをさらに強めることになる。さらに九州諸藩とも取り引きした。長崎は消費都市であり、慢性的に米が不足する傾向にあったため、米を廻送するように頼まれたからである。

長崎に進出した翌年に、石本家は人吉藩とも結びついた。屋敷を抵当にして、人吉藩の年貢米を長崎で販売することになったからだ。大坂商人からの借金が累積していた人吉藩は、なんとかして財政悪化をのりきらなければならない。そこで大坂商人との関係を断ちきろうとして、人吉藩は石本家の資本力にたよったのである。

球磨茶の商品価値

それから四年後の一八二三年には、琉球国という消費市場をふまえて、石本家は薩摩藩と交渉する。薩摩藩から琉球の商品を手に入れ、そのかわりに人吉藩の苧・茶を売り込もうとしたのである。球磨茶については、薩摩藩は石本家から永久に買いあげること、ほかの商人から購入すれば産地での価格があがるので石本家とのみ取り引きすることなど、石本家にとって有利な条件が示された。

しかし、石本家の期待はあっさりと裏切られた。薩摩藩が、そういう条件を聞き入れなかったからである。これで石本家をつうじて増収をはかろうとする、人吉藩の希望もしぼんだ。あいかわらず借金の減らない人吉藩は、一八二七年からふたたび大坂商人にたよることになり、石本家との関係にほころびも見え始めた。石本家もまた、人吉藩から納品されていた苧の支払いが滞り、それが多額にもなっていた。こういう懐事情もあいまって、それから一〇年後の一八三七年に、ついに両者の関係は事実上、契約破棄となってしまう。

その後の石本家の動向も追ってみたい。江戸幕府の老中松平定信《まつだいらさだのぶ》（一七五八―一八二九）による寛政《かんせい》の改革（一七八七―九三）では、政策のひとつとして商業を重視した。そうはいっても、幕府には財政的な余裕がなかったことから、江戸の豪商のなかから一〇名を登用し、彼らの手腕で政策を推し進めたのである。このような豪商のことを「勘定所御用達《かんじょうしょごようたし》」とよぶ。

一八三四年に、五代目当主の石本平兵衛（一七八七―一八四三）は、なんとその勘定所御用達にまでのしあがったのだ。江戸の豪商が任命されるなかで、百姓身分のままで選ばれるというのは前代未聞のことであった。だからといって、財をなすためだけに、なりふりかまわず石本家は働いてきたわけではない。なぜなら、貧民を救済するなどの社会貢献を長年し続けてきたからだ。

それでも、石本家の絶頂期はあっけなかった。高島秋帆《たかしましゅうはん》（一七九八―一八六六）という、長崎出身の砲術家がいる。一八四〇年に、西洋式の軍備を幕府に進言した人物で、彼の高島流という砲術は幕府に採用されることになった。ところが、それから二年後に、その名声をねたむ反対派の訴えによって、秋帆は逮捕されてしまう。その結果、彼のところに出入りをしていたことから石本家にも嫌疑がかかり、平兵衛は息子とともに江戸に送られて、そのあと獄中死におよぶという結末をむかえた。勘定所御用達に昇進してから、わずか九年後のことであった。

結局のところ、実現することはなかったが、球磨茶をめぐって、石本家は薩摩藩に対して、ほかの商人を排除した独占販売をねらっていた。裏をかえせば、琉球人の愛した球磨茶は、当代きっての豪商も飛びついたほど、〝うまみ〟もある商品だったのである。

第三章

琉球における茶の消費

刀と交換したたくさんの
鉄の板で、青年は鍬《くわ》を作った。
その鍬を持って、農家を一軒一軒
まわって貸すことにした。
鍬を使うと作業がはかどり、
農作物もたくさんとれた。
青年の評判は王様の耳にはいり、
王様は青年に会いに行った。

1　士族への茶の広まり

茶の湯

球磨地方で生産された茶は、人吉藩から琉球館を経て、船に積み込まれて琉球国へもたらされていた。第三章では、士族と百姓に焦点をあわせながら、球磨茶もふくめた茶全般が琉球でどのように消費されていたのか、その実態をみていく。まずは士族に注目してみよう。

江戸中期の儒者に新井《あらい》白石《はくせき》(一六五七―一七二五)がいる。江戸幕府の六代将軍徳川家宣と七代将軍家継《いえつぐ》(一七〇九―一六)のもとで政治家として仕え、歴史書『読史余論《とくしよろん》』や自伝『折《おり》たく柴《しば》の記《き》』などの著作も多い。そのなかに、琉球国の地理書『南島志《なんとうし》』がある。

琉球を訪れたことがない白石が、なぜ琉球に関する地誌を書くことができたのかといえば、江戸で琉球人と接触していたからである。近世中期の一七一〇年に図序-3で見た琉球使節が派遣されたが、それから四年後にも、将軍徳川家継の慶賀使と琉球国王尚敬《しょうけい》(一七〇〇―五一)の謝恩使をかねた、大規模な一団が送られている。白石はそれらのメンバーと会って情報を収集し、日本や中国の文献なども参考にしながら、一七一九年に『南島志』を著した。同書では、茶についてこのように淡々と示す。

> 茶茗《ちゃ》の品質は、日本産のものを、なかでも珍重する。茶室や茶道具の様式、湯加減をみて茶をたてる方法は、すべて日本のやり方をならっている。

「茗」も、茶のことをさす。しいていえば、摘むのが早いのが茶で、遅いのが茗である。白石によれば、琉球では日本の方法で茶が飲まれているというのだ。これはまさに、日本を代表する文化のひとつ、茶の湯（茶道）である。

茶の湯といえば、日本史では、和泉《いずみ》国堺《さかい》（現大阪府堺市）の千利休《せんのりきゅう》（一五二二—九一）の名がよく知れていよう。織田《おだ》信長《のぶなが》（一五三四—八二）や豊臣秀吉といった天下人は茶の湯をたしなみ、利休との交流も深かった。このように武士たちのあいだでも茶の湯は広がっていたが、琉球では、仏教とのかかわりから茶の湯という文化がもたらされた。

仏教と茶

そうはいっても、今の沖縄では、仏教はあまりなじみがない。だが、琉球国が成立してから、仏教は繁栄していった。これは国王が仏教に帰依していたことに一因があり、臨済宗《りんざいしゅう》という禅宗が盛んとなった。たとえば、王の肖像画を納めていた円覚寺も、臨済宗の寺院である。

じつは、その頃の日本では、禅僧は外交文書を起草したり、あるいは対外交易の使者となったりしていた。禅僧は、今日でいう外交官のような役割も果たしていたのである。琉球国王が禅宗を重んじたのは、対日関係の外交を円滑におこなうこと、これを期待するねらいがあったとみられている。信仰よりも、政治的・経済的事情を優先したことで、琉球では仏教が盛んになっていったという。

ただし、仏教が広まったのは、首里王府の膝元ともいえる首里や那覇が中心であった。社会全体に根づかなかった最大の理由としては、僧侶による幅広い救済活動がおこなわれなかったという点が指摘されている。民間へはあまり仏教が普及しなかったという事情から、今でも沖縄には寺院が少なく、仏教も身近ではないというわけだ。

なにはともあれ、仏教を重んじたことによって、茶の湯の道もひらかれた。日本本土の禅僧が茶をたしなんでおり、彼らと交流することによって、僧侶を中心として琉球にも喫茶の風習が広がったと想定されている。そのことは、ある異国人も証言している。琉球国が成り立ってから、約一世紀後の一五三四年に、冊封使として中国から琉球を訪れた陳侃《ちんかん》(生没年不詳)は、円覚寺などで中秋の名月の宴に招かれた。すると、茶の湯の心得えのある僧侶が抹茶をすすめた。「その味は、はなはだ清らかであった」。そんな感想が、彼の記録『使琉球録《しりゅうきゅうろく》』では述べられている。

陳侃が琉球を訪れてから約七〇年後の一六〇〇年に、喜安《きあん》(一五六六—一六五三)という僧侶が本土から渡来してきたことも、茶の湯の普及にとって追い風となった。堺出身の彼は、幼少期に茶道を学んだ。師匠は千利休の流れをくむ茶人であったという。三五歳の時に遠い琉球の地に渡り、利休が秀吉に茶の湯を指南したように、喜安もまた、尚寧のもとで茶道を伝授した。

大和芸能

首里王府は新たに茶道職を設けて、喜安をこの役職に任じた。茶道職が茶会をひらくなど茶の湯全般を担当するようになったことで、これにともない士族のあいだでも茶道がしだいに定着していった。

喜安が琉球を訪れてから約七〇年後の一六七三年には、久米島で茶園がつくられている。沖

図3-1　久米島上江洲家の伝世木簡

縄本島とは違って、久米島の気候と土壌は茶の栽培に適していたのだろう。それから半世紀もたつと茶園の経営が落ちついたからか、一七二六年には王府の書院から茶を献上するように命じられている。とはいえ、その量は毎年五斤(約三キログラム)しかない。

久米島の地頭代をつとめた上江洲《うえず》家には、茶が取り引きされていたことを示す木簡が残されている。図3-1がそれで、年代は明治初年あたりとみられている。差出人は久米島の地頭代で、首里に住む久米島の総地頭が受取人となっている。「御茶」が「壱箇」贈られていることを、この木簡は表す。

この木簡の材質は杉である。沖縄では、ほとんど杉は植林されていない。よって、茶だけではなく、木簡そのものも貴重品だったにちがいない。おそらく、茶壺《ちゃつぼ》の荷札として使われていたのではなかろうか。地頭代から総地頭に対して茶が贈られたということは、士族のあいだでも茶の贈答がおこなわれていたことを、この木簡は静かに物語っていよう。

これほどまで、士族のあいだで茶が重宝されたのはなぜなのか。ただの気晴らしのために、一服していたわけではない。近世中期には蔡温が活躍したが、その前には羽地朝秀が王府の中心人物であった。彼の政治方針である羽地仕置によれば、士族の子弟教育として、近世前期の一六六七年に「学文」「筆法」「医道」などの実学とともに、「茶道」や生け花の一様式である「立花《りっか》」といった芸能をたしなむことが厳達されている。

要するに、一七世紀後半以降、王府の役人につくためには、茶の湯や生け花などの大和芸能をおさめることが条件となっていたのだ。大和芸能は、薩摩藩や幕府と外交をおこなううえで、役人の教養として必須でもある。琉球で茶道が奨励されたので、こうして士族社会に浸透していった。ただし、役人として出世する、ただそれだけのために、士族は茶の湯をたしなんでいたわけではない。

士族社会で茶が果たした役割

近世末期の一八五五年という一年間にしぼって、士族のあいだで、茶がどのように利用されていたのかをみてみよう。なお、この段階では、すでに琉球には西洋人が滞在していたことも念頭においてほしい。

正月には、薩摩藩主島津斉彬《なりあきら》（一八〇九―五八）が首里王府の上層部に贈答品を下賜した。斉彬といえば、西洋の学問に関心をもち、「集成館《しゅうせいかん》」と名づけられた洋式工場などを設けた大名としても知られていよう。贈答品として、たとえば王を補佐する摂政《せっせい》は茶一三斤、干し鯛一箱、昆布一箱を賜っている。茶そのものが祝儀の品として珍重されていたわけである。

三月には、新たな三司官が就任することになった。先例では、那覇の護国寺で誓詞の儀式が催されていた。ところが、あいにく同寺には、イギリス人が宿泊していたのである。そこで護国寺に近い「親見世《おやみせ》」とよばれる役所で執り行われる運びとなった。

諸役人らが参列する儀式では、まず煙草盆とともに煎茶が献じられた。そのあと、誓詞が読み上げられ、それに背かぬように、みずからの血を押しつけた血判状が作成された。こういう儀礼というのは、往々にして、その時々の判断ではなく、先例にもとづき粛々と執行されていくものだ。よって、煎茶をいただくという行為も、三司官就任の儀礼のひとつとみなされていたといえよう。

四月には、ある薩摩藩の役人が那覇から「山原《やんばる》」とよばれる沖縄本島の北部へ向かった。那覇へ帰ろうとすると、その途中の牧港《まきみなと》(現浦添市)や泊《とまり》(現那覇市)には、すでに中国人や異国人が滞在していた。彼らと接触して、何かトラブルが起きるのは困る。そこで王府の役人は、別のルートで那覇に着くような算段をつけた。

それより約七〇年前の一七八八年にも、薩摩の役人が北部の本部《もとぶ》(現沖縄県本部町)へ向かった。その際には、茶の湯と煙草盆を用意して出迎えていたという。この例にのっとり、今回もまた王府の役人たちは、同じ準備をすることにした。薩摩の役人への接待として、先例にもとづいて茶の湯が用いられていたわけである。

沖縄本島の中部には普天間宮《ふてんまぐう》(現宜野湾市)があり、九月になると家族の健康を祈るために参詣するという習わしがあった。この一八五五年にも、王による普天間参詣がおこなわれるのだが、それが誰かといえば、琉球最後の国王となる尚泰《しょうたい》(一八四三―一九〇一)である。わずか六歳で即位した彼は、この時点でも弱冠一三歳で、初めての参詣でもあった。普天間宮では焼香があげられ、「薄御茶」と煙草盆が献じられている。「薄御茶」とは、抹茶の粉の量を少なくしてたてた薄茶《うすちゃ》のことをさしているのだろう。薄茶と煙草盆は、着座した役人たちにもふるまわれることになった。

以上の例からわかるように、茶は煙草とともに琉球国の儀礼や接待にとって欠かせないモノであった。そのためにも、士族は茶の湯を身につけておかなければならなかったのである。

ペリーの来航

その二年前の一八五三年六月には、アメリカ東インド艦隊司令長官ペリー(一七九四―一八五八)が、軍艦四隻を率いて浦賀(現神奈川県横須賀市)に現れ、大統領の国書を幕府に渡した。翌年一月にペリーはふたたび来日して、幕府と日米和親条約をむすんだ。いわゆる「開国」の扉があけられたのである。

ペリーの来航は、琉球にも非常に大きなインパクトをあたえた。なぜなら、彼は浦賀に行く前に、琉球を訪れていたからだ。那覇に入港したペリー一行は、二〇〇人以上の隊列を組んで、首里城へ登ることを強行した。王府の役人たちは、少しでもそれを阻止するため、城門を閉じたままにしておいた。だが、役人たちがひるんだからか、とうとう門は開けられてしまい、ペリー一行は首里城を訪問することに、まんまと成功したのである。

王府と交渉して折り合いをつけることなく、そこまでしてペリーが強圧的な態度でのぞんだのには、ある野心的な理由があった。彼の来航記録『日本遠征記』の記述を借りれば、次のようにまとめられよう。

もし日本政府が日本本土の港の使用を拒否して、そのために軍事衝突をしなければならなかったとすれば、わが艦隊はまず日本南部の一、二の島に、よい港を手に入れる。

江戸幕府が開港を拒んだ場合には、ペリーは戦闘にそなえて「日本南部の一、二の島」＝琉球を手中におさめる予定だったのだ。結果的には日米和親条約がむすばれたので、琉球は占領されなかった。しかし、彼は王府とのあいだでも琉米修好条約《りゅうべいしゅうこうじょうやく》を締結したのである。

この条約は、全七か条からなる。アメリカ人を厚遇すべきこと、入港した船には燃料や水を供給すべきこと、難破した船があったならば生命や財産の救助をすべきことなどが、おもな内容としてあげられる。幕府と同じように、王府もまたペリーの圧力におしきられたわけだ。

アメリカ兵の犯罪

ところで、日本訪問と前後して、ペリーは琉球に五回も寄っている。彼が琉球に滞在している時だけではなく、日本本土へ向かっていて不在の間にも、一部のアメリカ人はここに留まった。彼らと住民とのトラブルは絶えなかった。物資が足りなくなれば、法外な安い値段で強引に商品を持ち去っていくのは日常茶飯のことである。トラブルを象徴するかのような惨劇が、一八五四年五月のある夜に起こった。

那覇で「ボアード」という名の男の遺体が見つかった。死因は、誰ともわからぬ者、あるいは数人の者から頭に打撃を加えられて意識不明となり、長いあいだ水漬けにされて死にいたったのである、と。ペリーが琉球に戻ると、ただちに王府の役人たちも立ち会いながら、審理が始まった。そこで、こんな真相が明るみになった。

アメリカの水兵三人が民家に押し入り、酒を奪い酔ってしまった。そのうち二人は溝の中で寝てしまったが、ボアードは壁をよじ登って別の家に侵入し、婦人と少女がいるのを見つけた。そこで彼はナイフを振りまわして女性を脅かし、暴行におよぼうとしたのである。

女性は助けを求めて叫ぶものの、ついに弱り果てて意識を失ってしまう。しかし、その叫び声を聞いた人たちが現場にかけつけた。数人がボアードを取り押えて投げ飛ばすと、酔っていた彼は、なんとか立ち上がって海岸へ向かって逃げた。さらに集まった大勢の人たちが、彼をめがけて石を投げつけたのである。いくつかの石は当たり、酔っぱらっていた彼は水の中に倒れ込み、溺れてしまったというのだ。

それから約一か月後に、ペリーは那覇を出港してアメリカへ帰った。その直前に、ペリーと王府とのあいだで締結されたのが、先の琉米修好条約なのである。歴史学者の真栄平房昭は、その第四条に次のような内容が盛り込まれているのは、この事件での苦い経験をふまえた対応措置であると冷静に評した。

家屋への乱入、婦女子をもてあそぶこと、物品売渡しの強要、その他同様の不法行為をおこなった場合、地方官憲はこれを逮捕し得るものとする。

琉米修好条約がむすばれたのは、すでに一世紀半以上も前のことだ。それでも、今の沖縄の現状をかんがみれば、この一文が重く問いかけているものが何かあるように思えてならない。

2　琉球社会の変容

天のもたらす災い

近世中期の一七七一年三月一〇日午前八時頃、宮古・八重山で大地震が起こった。マグニチュード七・四と推測されている。その頃の八重山では、日照りが続いて農作物は実らず、なんとか人びとは生きのびているという状況であった。それに追い打ちをかけるかのごとく、地震のあとに津波が発生し、島々を呑みこんだのである。たとえば、石垣島の南東部では死亡率は九〇パーセントをこえ、津波は三〇メートル以上も遡上したという。

首里王府の集計によれば、死者は一万一九四一人(宮古二五四八人、八重山九三九三人)にもおよぶ、未曽有の大災害であった。八重山の死者数は、宮古と比べると三・七倍にも値する。その内訳をみると、男四一〇四人、女五二八九人なので、やや女性の方が多い。この直前の八重山の人口は二万九千人弱というから、津波によって三人のうち一人が亡くなったのである。

これに対して、王府はどのような救援活動をおこなったのかといえば、津波のあとの石垣島では、士族の居住地を優先させて、王府から米が配布されたとみられている。ところが、それ以外の地域では、いいかえれば百姓に対しては、米が配布されたという確認はできていない。それどころか、王府は被災後も、しっかり税として米の上納は求め続けた。

災難はこれで終息するどころか、むしろ深刻の度を強めていった。虫害、大風(台風)、疫病などが発生し、ついには飢饉となり餓死する人が出始めたからである。結果として、津波から五年後の一七七六年から二年間で、餓死者(男一五四一人、女一一四〇人)と疫病による死者(男六三〇人、女四二二人)とをあわせると、死者は合計三七三三人にもおよんだ。

むろん、王府も災害に対して、高をくっていたわけではない。ソテツの木を植えさせていたからだ。ソテツには毒がある。しかし、琉球では、水にさらすなどして毒をぬいてデンプンを採り、それを餅のようにして日常的に食べられていた。そこで王府は非常時にそなえて、救荒食としてソテツを植えることを奨励していたのである。だが、未曽有の大災害という現実を突きつけられた時こそ、日常にはあらわれない本質のようなものがあぶりだされてこよう。

日本本土では、領主は社会をささえる百姓を救済する責務をおい、百姓もまた領主に「仁政」を求めた。したがって、社会的な危機をもたらす飢饉をいかに克服していくかは、領主にとって重要な政治課題であり続けた。だから、上述したように、球磨地方では囲穀が命じられるなどの飢饉対策が講じられていたわけである。一方、琉球では、王府は八重山で被災した百姓に救いの手をさしのべなかった。それは、王府が「仁政」をあらわすような支配者ではなかったという本質を示していよう。

近世後期には、百姓は日照りや大風などの天災に巻き込まれていたにもかかわらず、王府の「仁政」を期待できなかったことから、基本的には自力で生き抜くしかなかった。しかも、静かに、大きな変化が社会の内部に生じていたのである。

財政破綻した浦添間切

これから本章では、ふたたび第一章と同じ浦添間切に注目していく。

一八世紀末の一七九四年に、首里王府は浦添間切に下知役・検者を派遣した。その頃、浦添間切は疲弊して税を滞納し、間切内でも借金をおい、あるいは身売りする者が増えていた。もし中国から冊封使という大集団が訪れたならば、通常の税にくわえて公用も命じられる。今の浦添間切には、その負担に耐えきる力はない。そこで両総地頭は、間切を経済的にたてなおすため、王府に嘆願したというわけだ。

第一章で述べたように、こういう危機におちいった時に、王府から送られる役人が下知役・検者なのだ。彼らは、間切行政をつかさどるサバクリと手をくみ、農村の経済振興をすすめるために本腰をいれた。そのおもな方針を次に示す。

①間切がかかえていた未払いの租税や負債を返済する。
②借金のカタにとられている田畠を取り戻す。
③借金のために売られていた者の身請けをする。
④新たに開墾して、収穫を増やす。

⑤商品となる塩を増産する。
⑥ソテツや松といった木を植える。

③については、借金をしたがゆえに、身を売られる者がいた。こうして下男・下女として住み込むケースもあったが、基本的には自宅に住み、月に何回か主人の家に通って耕作をおこなっていただけだという。よって、身売りをされたとはいっても、主人の言いなりで動く奴隷の状態におとしめられていたわけではない。

ともあれ、上記の手立てを講じたことから、浦添間切の負債はなくなり、経済的疲弊からたちなおっていった。派遣されて一〇年後の一八〇四年に、両総地頭が王府に願い出たことによって間切の再建は無事に終わり、その功績がたたえられて下知役らには褒状が与えられた。

このように間切が財政破綻することを「間切倒れ」とよぶ。これは浦添間切だけのことではない。各地も、同じように病んでいた。間切倒れとなれば、それは王府財政の破綻にもなりかねない。そうなってしまえば元も子もないので、王府は下知役らを派遣せざるをえないのだ。

それでも、下知役らの能力でもって間切行政を回復させるというのは、その場しのぎであり、農村の疲弊を劇的に解決するだけの策ではなかった。なぜなら、それから約六〇年後の一八六三年に、両総地頭は王府に対して、ふたたび浦添間切へ彼らを派遣するように願い出ているからである。

はたして、琉球社会には、どのようなひずみが生じていたというのだろう。

琉球社会のひずみ

琉球社会のひずみとは、浦添間切が財政破綻した時、下知役らが講じた方針②③のなかに隠されている。田畠やみずからの身を担保として借金をする百姓が増えていたということは、要は農村社会に貧富の差が生じていたわけだ。これもまた浦添間切だけのことではない。各地に残された借金証文の数をあげれば枚挙に暇がない。貧富という格差の是正をはかることは、下知役らの手におえない難題だったことだろう。

社会に失業者があふれ、貧困層は日々の食べ物さえ手にはいらないほど、ギリギリの暮らしに追い詰められていたというのか。明治中期の様相を、比嘉春潮は批判に臆することなく、こう言いきった。

金持ちの家では畑を小作に出し、小作料は現物納でなく労役提供、小作人は自分の持ち地のほかに、金持ちの仕明《しあ》け地(開墾私有地)を耕作するていどで、貧富の差はそれほど大きくなかった。貧しくても、人の救助を受けねばならないほどの家庭はなかった。

この小作人のケースは、前述した身売りの労働とも似ていよう。農村に貧困がはびこっていたというよりは、貧しい者がいたとしても、まがりなりにも生計をたてることができていたというのが、比嘉の感じた経済格差の実状だった。月並みの言葉でいえば、〝絶対的な貧困〟ではなく、〝相対的な貧困〟であったということになろうか。それにしても、なぜ農村には貧富の差が生じていたのだろう。おもなポイントを二つ整理してみたい。

第一に、琉球人は、大きくみて士族と百姓という身分にわかれていた。両惣地頭などの士族は支配階級であり、間切や村に領地をもつ富裕層でもあった。一方、百姓は被支配階級として、わずかな耕地しかもちえず、そこからの収入の一部を税として首里王府に納めていた。つまり、もともと社会の内部は支配階級—被支配階級と両極分解しており、そのあいだの矛盾が経済格差というひずみに転じていったと解釈することもできよう。

第二に、商品経済の波が農村社会におしよせたことが、貧富の差の要因となったとも考えられる。農村では商品作物としてサトウキビなどが栽培されていたが、王府へ上納した残りの商品作物を売れば、それは現金となって百姓の貯蓄にもなろう。こうして余剰を貯えていく者と、そうしなかった者とのあいだに、富と貧との断層がひろがっていったのかもしれない。

誰でも家畜を飼えたのか

両者はスタンダードな見方といえ、もちろん複合的な要因も考えられよう。だが、それらとは別に、第三のポイントを提示したい。それは、まことにシンプルな考えだ。百姓が営む農業そのものが、貧富の差をもたらす原因をはらんでいたという見方である。

水田が広がっていた浦添間切の前田村には、「内間《うちま》」という名の士族が居住していた。内間家は土地を貸し、なおかつ金銭をも貸し付けていた富裕層とみてよい。同家から借金をするにあたっては、家財として家畜も担保とされていた。宜野湾間切嘉数《かかず》村(現宜野湾市)のある人物が借金をした理由は、ウマを飼う費用を捻出するためであった。

これらの事実からわかること、それは家畜を飼うには費用がかかり、家畜そのものも財産とみなされていたということだ。家畜は野山の草などを餌としていたので、一見はコストがかからないような印象をもつ。しかし、家畜を買うには資金がいるし、なによりも首里王府が課す牛馬出米《ぎゅうばでまい》も納めなければならない。

牛馬出米とは、家畜一頭あたりに課せられていた税のことをさす。飼料として大量の草を刈り取っていたことから、いわば野山の使用料として課されていたのではなかろうか。一七世紀末の一六九四年以降は、その額はウシ・ウマ一頭あたり米一升九合あまりと定められ、王府に集められたのちに薩摩藩へ上納されるという決まりがあった。

つまり、百姓であれば、誰でも容易に家畜を飼うことはできなかったのである。家畜を飼えば農耕を手伝ってくれるし、その糞尿は肥料にもなるので農業生産力は高まる。その反面、家畜を飼えない百姓は、自分の力だけではわずかな農地しか耕せないどころか、養分の高い家畜の糞尿も得られず、これでは生産力の向上が期待できるわけがない。家畜の有無が、貧富という格差をひろげる一因になったと考えられよう。

肥料格差

そもそも家畜がいなくても、ヒトの力だけでも農業は続けられる。したがって、百姓が営む農業そのものに、貧富の差をもたらす要因を見いださなければならない。それが何かといえば、肥料なのである。

もちろん、水田農業には水も必要である。そのために、近世中期には国土の河川が改修されていった。その水だけではなく、もう一つ肥料がなければ、農業生産力を高めることはできない。なぜなら、毎年、二期作をおこなうなどして田んぼを使い続けていけば、どうしても地力が落ちてしまう。だから、地力を高めるためには、肥料を投入せざるをえないのだ。

『農務帳』の「農業の心得」第四条において、肥料は農業でもっとも大切であるとして、それを貯えておくことが教諭されていたように、琉球の農業においても肥料は重要視されていた。肥料としては、これまで紹介した糞尿や草のほかに、油粕《あぶらかす》、海藻類、海辺の砂、灰、藁《わら》、豆の殻、草や葉、屋敷内のゴミなどまでが使われていた。そのうち油粕とは、菜種などの植物の種から油を抜き取った残りかすのことをさす。

とはいえ、肥料を百姓が自給できなかった場合は、どうすればよいのだろう。『安里村高良《あさとむらたから》筑登之親雲上《ちくどぅんぺーちん》、田方幷芋野菜類養生方大概之《たかたならびにいもやさいるいようじょうかたたいがいの》心得《こころえ》』(年代未詳)では、正月と七月には「酒粕《さけかす》を買ってくるように」と教諭されている。安里村(現那覇市)は酒造所のある首里に近い。泡盛をつくる過程で排出される酒粕を買ってきて、それを肥料として使うことが勧められているというわけだ。

肥料は農業生産力の向上に大きな影響を与えていた。だから、百姓は生活空間の隅々から、肥料となるモノを集めて田畠に投じていたのだ。このような自給肥料を得ることができるのか、それができなければ身銭をきってでも入手できるのかどうかが、百姓に貧富の差をもたらしたといえよう。

とりわけ、後者については、肥料をとおして、百姓が商品経済の波にまきこまれていたという一面を示しているといってもよい。これは百姓にとって、けっしてマイナスだったわけではない。なぜなら、社会に貨幣が流通していたからこそ、百姓も茶を購入できたのだから――。

3　茶の出土品は語る

『沖縄風俗絵巻』

往時の沖縄の風俗が描かれた『沖縄風俗絵巻』がある。図３－２、図３－３は、そのなかから庶民の商売を二つ示した。作成年代は明治初年から半ばにかけてのこととみられているので、近世琉球ではないことにも気をつけてほしい。

図３－２では、傘の下で女性が茶を売っている。右手に持つ白い小杯で、茶の試飲を勧めているのか。籠に盛られた茶の山が三つあり、それらの色が微妙に違っているところをみると、これらは別の茶の銘柄なのかもしれない。球磨茶がある可能性もあろう。図３－３では、キセ

図 3-2　茶売り

図 3-3　陶器売り

ルを吸う女性が壺、瓶、土瓶などの陶器を売っている。彼女の足元には、小さな急須と白い小杯のセットも置かれている。本人の愛用品なのかもしれない。

図3-2、図3-3からは、明治期には露店で茶が販売され、土瓶・急須と小杯のセットで茶が飲まれていたことがわかる。はたして、近世琉球においても百姓は茶を買っていたのか、このような茶道具を使って茶を飲んでいたのかを検証してみよう。

百姓が茶を購入するためには、金銭そのものを持っていなければならない。ところが、琉球国には鉱山がないので、首里王府は自前で貨幣を鋳造できなかった。それでは、どうしていたのかといえば、江戸時代の代表的な通貨の寛永通宝《かんえいつうほう》が、日本本土から琉球へ流入して使われていたのである。もう一つ、琉球には、原材料が薩摩から持ち込まれた鳩目銭《はとめせん》も流通していた。ただし、これは基本的には一貫文《かんもん》(千枚)ずつ封印して使われていたので、高額であるし、なによりも重たい。買物をするのには使い勝手の悪い鳩目銭で、百姓が茶を購入したとは想像できない。

明治期の農家は、たいていはサツマイモを自家用以上に作って、余りは市場に持ち出して、その金で茶・煙草などを買っていたと比嘉春潮は証言する。明治期の状況をふまえれば、それ以前の近世琉球においても、百姓は余った商品作物を市場で売り、そこで手にした寛永通宝をもちいて、図3－2のような茶売りから茶を購入していたと考えられよう。
次に土瓶・急須や小杯といった茶道具を用いて茶を飲んでいたのかについて、比嘉はよどみない口調でこう続けた。

茶はたいてい、大きな土瓶に入れて出す。客は勝手に自分で注いで幾杯も飲み、なくなると遠慮なしに請求して湯を注がせる。薄くなると茶を加える。

さらに比嘉は、こんな話をたたみかけた。農村などでは茶の色が濃くでるのを喜び、「まるで箸で挟み切れるぐらい」とほめる。客人が長くいれば何度でも茶を入れて、茶葉を足したり、入れかえたりするのが歓待の流儀だという。茶を一杯だけ出しきりにすることは、「一つ茶」といって、おおいに嫌う。死者に供する飯を茶碗一杯だけに盛りきる一膳飯《いちぜんめし》（枕飯《まくらめし》）という風習があり、これにちなんで嫌っているのではないか、と。
よって、明治期には、百姓は土瓶などを使って、煎茶を飲んでいたのは間違いない。

外国人がのぞいた農家の内部

図3-4　那覇の市場

明治期より前の近世琉球では、百姓は茶道具を使っていたのか。琉球を訪れた二人の異国人に注目してみよう。

一人目は、ペリーである。琉球に上陸したペリー一行は、沖縄本島の各地をめぐった。図3-4は、彼に同行したドイツ人画家ハイネ(一八二七―八五)が描いた那覇の市場である。売り手と買い手でごった返し、市場の熱気が伝わってこよう。多くの傘が開き、その下でそれぞれが持ち寄った商品が販売されている。図3-2のような茶売りがいたのかもしれない。おそらく傘は、中国からの輸入品を示した表2-1のなかの「油傘」だろう。

『日本遠征記』では、首里城や橋・道路などの石造物には芸術的なデザインが施されており、たくみな技術をあらわす跡があると称賛されている。町の場合は、住居は木造で、屋根は土製の瓦でふかれているという。農村の場合は、住まいは藁でふかれ、外には厩《うまや》、豚小屋、鶏小屋などが建ち並ぶ。家のなかをのぞくと、こんな物が置かれていたことまで見逃さなかった。

家具はきわめて簡単なもので、板の床に敷かれた厚い畳、二、三の椅子、一つのテーブル、および数多《あまた》のコップと茶瓶一つである。

「数多のコップ」というのは、先にみた小杯や湯呑茶碗とみてよい。茶瓶もふくめ、農村へ茶道具が普及していることが理解できよう。

二人目は、イギリス海軍のバジル＝ホール(一七八八―一八四四)である。ペリーより約四〇年も前の一八一六年に琉球を訪れて、琉球人との交流を深めた。彼の日記『朝鮮・琉球航海記』によれば、那覇郊外の農家を訪れた時、次のようにもてなされたそうだ。

一人の老人がいたが、茶碗や茶道具が床の上に並べてあるところをみると、われわれはどうやら彼の朝食の邪魔をしたらしかった。老人は坐るようにとすすめ、煙管《キセル》と茶を出してくれた。

やはり、農家には茶道具が普及していた。さらに、来客をもてなす時に、煙草と茶がセットで出されていたこともわかる。

とはいえ、異国人の証言が必ずしも客観的で正しいとはかぎらない。見間違いや勘違いもあるからだ。『日本遠征記』には、琉球人のことを侮辱するかのように「土人(natives)」と表記されていることから、偏見もあっただろう。確たる証拠を求めて、考古学の発掘成果にもスポットをあてたい。

茶の出土品

考古学の発掘成果によれば、たしかに一八世紀以降には日本本土産・琉球産の茶に関する出土品が増えていく。そのなかで多数を占めているのが、湯呑茶碗、土瓶、急須である。茶の湯に用いる天目《てんもく》茶碗などで抹茶を楽しむのではなく、急須に茶葉を入れて湯をそそぎ、それを湯呑茶碗で飲むことが、言い換えれば煎茶が日常生活にとって、あたりまえの習慣になっていたのだ。

このように煎茶を飲む風習が広がったのは、球磨茶をふくめた茶が大量に輸入されたことだけが要因ではない。一六世紀の終わりごろから、中国など海外産の陶磁器の輸入は下火となっていく。その頃には琉球で陶器を焼く窯場《かまば》がつくられたとみられているので、輸入品にたよらなくてもよくなったのだろう。窯場としては湧田《わくた》焼・知花《ちばな》焼などがあったが、それらは近世前期の一六八二年に壺屋《つぼや》焼に統合された。この壺屋焼が発展し、琉球で茶道具が生産されたことも、茶を飲む風習が広がった一因としてはあげられる。

壺屋焼で生産される陶器は、上焼《ジョーヤチ》と荒焼《アラヤチ》に大きく分けられる。上焼とは、簡単にいえば白い化粧土の上に絵付けなどをしたあと、透明の釉《うわぐすり》をかける焼物のことをさし、碗、皿、瓶などのような小物が多い。もう一つの荒焼とは釉をかけないか、もしくは泥っぽい釉を薄くかけるだけの焼物のことをさす。茶褐色という土の色をそのまま生かし、比較的に甕《かめ》などのような大きいモノが多い。図3-2で茶売りが持っている白い小杯は釉をかけた上焼で、図3-3で陶器売りが並べている土瓶は荒焼なのだろう。

このような茶道具を〝百姓〟が使っていたことを示す、もっとはっきりとした証拠はないのか。現在の浦添市に、その手がかりを求めてみよう。浦添には、今でも百姓などが造った近世墓が数多く残っており、とくに前田地区から経塚《きょうづか》地区にかけては、推定で約千基も点在してい

図 3-5　前田・経塚近世墓群

る。図3－5で示した小高い丘は、土もやわらかく掘りやすいので横穴式の墓が造られた。

ただし、近世に墓が造られたとはいっても、それ以降の時代においても家族や親族らが埋葬され続け、戦争のさなかに使用されたこともある。戦争というのは、序章において、前田高地の激闘が繰りひろげられたことを述べた。図3－5のような墓は壕《ごう》の役割をも果たし、住民が避難したり、日本兵がトンネルを掘って陣地として利用したりしていたのだ。

ともかくにも、この近世墓に関連するのが、琉球で広まっていた洗骨《せんこつ》という葬送方法である。洗骨とは、埋葬あるいは風葬されていた遺体を、数年をへたのちに取り出して遺骨を洗い清める風習をさす。そのあと、「厨子甕《ずしがめ》」とよばれる蔵骨器《ぞうこつき》に遺骨は納められ、墓のなかに埋葬しなおす。この時に、煙管、簪など、故人の愛用品も入れられるケースがあるのだ。

ひょっとしたら近世墓のなかに、茶に関するモノが何かあるかもしれない。もしあったとすれば、それは百姓が茶を飲んでいた確たる証拠になるのではないか。

近世墓が現代に遺した茶道具

表3−1には、浦添市の近世墓から、どのような茶に関する出土品があったのかを一覧にした。急須、小杯が出土しており、そのうち大半を占めているのは、透明な釉のかけられた小杯である。しかも、灰白色もしくは白色のものが多い。これはまさに、図3−2で茶売りが持っている小杯ではないか。このような器は、近世中期の一八世紀半ばから、壺屋焼では生産されていたとみられている。すなわち、この白い小杯が、百姓が茶を飲んでいたなによりの証拠といえよう。

では、なぜ小杯が墓にあったのか。もちろん、これが故人の愛用品だったといってしまえばそれまでだが、もう少し別の角度から、その理由を考えたい。表3−1で示した遺跡のひとつ、伊祖《いそ》の入《いり》め御拝領墓《ごはいりょうばか》においては、以下のような落成式が執り行われたと推測されている。

近世後期の一八二〇年に、ある女性が七一歳で天寿をまっとうした。その名を呉勢《グジー》（一七五

表 3-1　近世墓からの出土品(浦添市)

遺跡名(おもな時代)	出土地点		器種(数量)	備　考
内間西原古墓群(近世〜近代)	4 号墓	墓庭	急須(1)	
	12 号墓	墓庭	急須(1)	
	15 号墓	墓室	急須(1)	蓋のみ
内間遺跡(近世)	土坑 1		急須(1)	
前田・経塚近世墓群 経塚子の方原A丘陵(1)(近世〜近代)	5 号墓	墓庭	小杯(1)	透明釉 灰白色
	7 号墓	墓庭	小杯(1)	透明釉 灰白色
	26 号墓	墓庭	小杯(2)	透明釉 白・灰白色
	27 号墓	墓室	小杯(2)	透明釉 灰白色
	35 号墓	墓庭	小杯(1)	透明釉 灰白色
	45 号墓	墓室	小杯(1)	透明釉 灰白色
前田・経塚近世墓群 経塚南小島原A丘陵(近世〜近代)	5 号墓	墓庭	小杯(2)	透明釉 白色
	20 号墓	墓室	小杯(1)	透明釉 白色
	57 号墓	墓室	小杯(1)	透明釉 白色
伊祖の入め御拝領墓(近世〜近代)	墓庭		小杯(1)	
港川崎原古墓群(近代)	1 号墓	墓庭等	小杯(3)	透明釉 灰白色
	10 号墓	墓庭	小杯(2)	透明釉等 灰白色

出典）浦添市教育委員会が刊行した以下の文化財調査報告書により作成.『内間西原古墓群』(1994 年),『内間西原古墓群 II』(1999 年),『内間遺跡・内間カンジャーヤーガマ遺跡・内間西原近世古墓群III』(2004 年),『前田・経塚近世墓群 4』(2013 年),『前田・経塚近世墓群 5』(2014 年),『伊祖の入め御拝領墓』(1996 年),『港川崎原古墓群』(2011 年)

〇—一八二〇)という。それから二年後に、彼女の墓の盛大な落成式がひらかれた。百姓の出なのにもかかわらず、浦添間切の総地頭や村の役人たちも参列していたからである。総地頭というのは、王族の浦添按司《あじ》朝熹《ちょうき》(一八〇五—五四)のことをさす。

新築されたのは屋根が破風《はふ》の形をした堂々たる墓で、遺骨を納める墓室《ぼしつ》は三坪(約一〇平方メートル)弱、墓室の前にある庭は約八坪(約二六平方メートル)、つまり墓全体で一一坪(約三六平方メートル)の広さである。なぜ一庶民のために、こんなに立派な墓が造られたのだろう。呉勢が生きていた時代には、上述したように貧富の差がはびこり、浦添では間切倒れも起きている。負債の返済がとどこおったからか、彼女は浦添家の乳母として仕えることになった。こうして長年にわたって奉公をしてきたことから、浦添家が出費して壮大な墓が建てられたというわけだ。

落成式にあわせて、厨子甕には、洗骨が終わった呉勢の骨が納められていた。式典では、まず墓室の中に入って棚の中央に、彼女の厨子甕が安置された。続けて、家族や親族たちの厨子甕も、そのまわりに並べて置かれた。墓室の入り口が閉じられると、小さな杯には泡盛が入れられ、それとともに重箱にもられた料理が供えられた。線香もあげて祈りがささげられる。それが終わると、墓室の前にある庭では参列者による祝宴が始まったという。

表３－１を見ると、墓室よりは、むしろ庭の方に小杯が多く出土している。ということは、呉勢の落成式のように泡盛や、あるいは茶を供するために、もしくは花とともに水をささげるために、小杯は利用されていたのかもしれない。それらが墓室の前にそのまま置かれた結果、のちに庭から出土された可能性も考えられよう。

なにはともあれ、幸運にも、近世墓は百姓が茶を飲んでいた確たる証拠を、まるでタイムカプセルのように、そのまま現代に遺してくれたのであった。

終章

近世琉球の〝自立〟とは何か

青年は、王様にこう話した。
「鍬によって、農作物も多く
とれるようになりました。」
とても喜んだ王様は、
青年を城に迎えて
次の王様にした。
こうして沖縄の農業は、
ますます盛んになった。

1　茶の生産者に思いをはせて

鯨波があがる

明治維新の足音がきこえ始めた、一八四一年二月九日のこと。冬ごもりしていた虫が姿を現す啓蟄《けいちつ》の頃とはいえ、いつものように人吉盆地には霧がたち込めていたことだろう。肌寒い夜明け前に、球磨地方の百姓たちは、林村《はやし》(現人吉市)の祇園堂《ぎおんどう》に集まった。四、五発の鉄砲の玉が放たれると、いっせいに鯨波《とき》があがった。鯨波とは、合戦が始まるにあたって、士気を鼓舞したり、敵に戦いを開始することを告げたりするために発する叫び声のことをさす。銃弾は誰かに向けられて発せられたのではなく、声をあげる合図として打ち上げられた。士気を高めた彼らは、いっきに人吉へ押し寄せた。

まず群集は、球磨川をはさんで、人吉城のすぐ目の前にある五日町の富商を襲った。それを聞きつけ、遠く上球磨《かみぐま》からも百姓らが合流した。上球磨とは、黒肥地村など球磨地方の東部のことをさす。黒肥地村から人吉へはおよそ五里の距離なので、歩いて半日はかかったとみてよい。球磨地方の庶民らが大集団となり、百姓一揆《ひゃくしょういっき》を起こしたのだ。これを「茸山騒動《なばやまそうどう》」とよぶ。ただし、黒肥地村の例からわかるように、村には郷士が住み、彼らも参加していたので、一揆勢の参加者は、厳密にいえば百姓だけではなかった。

じつは、江戸時代に人吉藩で起こった百姓一揆は、茸山騒動たった一件しかない。この茸山騒動が発生したということは、球磨地方にとって歴史的な大事件だったのである。最初に人吉に押しかけた段階では、一揆勢は約一八〇〇人の集団にすぎなかった。すぐに怒りの渦はひろがり、球磨郡全体の百姓たちが駆けつけ、参加者は一万五千〜三万人にまでふくれあがったという。一揆勢には、だいたい領民三人のうち一人、あるいは半分が加わったことになる。おそらく成人男性の大半は参加したのではなかろうか。この規模だけみても、事態の深刻さが理解できる。

一揆の結末

人吉藩は、一役人を派遣しても始まらないと気づいたからか、騒動の火消し役として、相良氏一門の相良左仲《さがらさちゅう》(一八一〇―四二)を一揆勢のもとに向かわせた。

左仲は藩主相良長福《ながとみ》(一八二四―五五)の叔父にあたり、領民からの人望があつかったともいわれている。人吉城の近くの河原において、蓑《みの》・笠《かさ》を身にまとい、斧《おの》・鉈《なた》などを持ってごったがえす一揆勢のところへ、馬上の彼が分け入った。時折、一揆勢が鯨波をあげると、昔の源平の合戦もこうだったのかと誰もが驚いたという。それを目撃した藩の役人は、人吉城へ駆け戻って危急を告げた。一揆勢と武士とのあいだでトラブルが起きると困るので、それを食いとめようとせんがために、城への入り口の警護をおこなうことにした。

左仲は説得した。「何か願いがあるのなら申し出るように」と問いかけると、一揆勢は「それならば家老の生首をだせ」とけしかけた。「家老はすでに失職しており、元の政治に戻るから」と左仲が答弁をくりかえし、心を落ち着かせようと試みる。家老とは、藩政の中心として、政務を統括していた役人のことをさす。それほどまで一揆勢の怒りをかった家老とは田代政典《たしろまさのり》（一七八二―一八四二）その人であり、左仲とライバル関係にもあった。

一揆が起こった時点で、政典も百姓らのもとに出馬して向かう心づもりでいた。彼らの不満に耳をかたむけ、疑念をはらそうという気でいたのかもしれない。しかし、左仲がそれをとどめたからか、政典は城の大手門《おおてもん》を出た先にある永国寺《えいこくじ》（現人吉市）に籠った。無念と感じたのであろう。すぐに切腹しようと試みるものの、僧侶がそれを引きとめる。やがて彼は永国寺の近くの山の中に消えて腹を切り、それを追って妻も寺で自害をして果てた。

政典が命を絶ったことを聞きつけた一揆勢は、彼の死を見届けたいと口々に要求し、城の近くまで詰め寄ってきた。遺体を貰いたいと息巻く彼らに対して、やはり左仲がいろいろな言葉をつかって説き伏せたので、ようやく城を離れ、一二日の夕方までには村々へ引きあげた。この間、人吉では数十軒の町屋が打ちこわされたという。一揆が鎮まった翌年には、騒動の責任をおわされたからか、左仲もみずから腹を切った。

なぜ、これほどの大騒動が球磨地方で起こったのか。田代政典と襲われた商家とは、これとどう関連するのか。ときを四〇年ほど前にもどしてみよう。

球磨茶の品質

第二章でみたように、江戸後期に人吉藩は茶の商品化に力をいれていた。一揆の約四〇年前の一八〇四年から茶の専売制が始まったが、それとともに領内では茶の検地があらためて実施され、藩への上納量も決定した。

藩が茶に目をつけるのには理由があった。現在、日本で生産されている茶は煎茶が多いが、それが普及していくのは幕末からなのである。いわゆる「開国」をして以降、茶を海外へ輸出するために品質を向上させることが課題となり、煎茶の生産が進んだからだ。それ以前に、日本本土で庶民がどのような茶を飲んでいたのかといえば、ある外国人が、その状況を目撃していた。序章で登場した、オランダ商館の医者ケンペルである。

彼の著書『日本誌』によれば、街道沿いの旅館や料理屋だけではなく、いたるところで開いている茶店でも、旅行者は茶を飲むことができる。その茶については、こんな小さな点まで見逃さなかった。

> 人びとは若葉(これはたいてい高貴な人びとの食卓に出される)を二度摘んだ後の、あるいは前年から残っているこわ《（強）》い葉を使う。

「こわ《（強）》い」とは、硬いとか、ごわごわしているという意味をあらわす。茶店で飲まれていたのは、若葉を摘んでつくられた煎茶ではなかった。

図終-1は、江戸後期の農学者大蔵永常《おおくらながつね》(一七六八—?)が著した『広益国産考《こうえきこくさんこう》』に示された「刈茶製法場の図」である。どのようにして茶が製されているのかといえば、刈り取った茶の葉を洗ったあと、それを右上の大鍋で煎る。かき回すと、茶がゆでたように柔らかくなる。鍋からそれを取り出して、図の左側のように莚《むしろ》をかぶせて念入りにもむ。そのあとは、左の莚の上に広げて乾燥させるというわけだ。

いずれの作業も、一見は図2-3でエンブリーが撮影した方法と差はない。だが、目を凝らすと、一点だけ大きな違いがある。図終-1の下部に目を移してほしい。刈り取った茶には、枝がついたままなのだ。それを三寸(約九センチメートル)くらいの幅でザクザクと切り、鍋に入れて煎る。もむ時に目立った太い枝は取り除くが、細くて柔らかいものは、そのまま茶葉と混ぜて使う。まさに、これは番茶の製法をあらわしているのだ。

図終-1　刈茶製法場の図

つまり、日本各地では、若葉を摘んだあとに、硬くなった葉や枝などまで刈り取って製された番茶が飲まれていたのである。これに比べたら、球磨茶は上・中・下という三等級で仕分けされていた。それどころか、江戸後期の一七八八年には、茶を上納するにあたって、人吉藩はゴミ・土や茶の茎などを入れてはならないと命じている。きれいに選別された茶葉のみで製された、いわば高い品質を誇っていた球磨茶を琉球人は愛飲していたというわけだ。

百姓一揆の引き金

茸山騒動で一揆勢の怒りの矛先をむけられた田代政典は、それからさかのぼること約三〇年前の一八一三年に財務を担当する勘定奉行に就任し、さらに八年後には役職トップの家老にまでのぼりつめた。田代家は家老につけるような家柄ではなかったので、異例の昇進であった。才知にたけていたこともあろう。けれども、藩財政が窮迫していたことをふまえれば、彼の能力にたよらざるをえないという、余儀なき事情があったとみた方がよい。

働きざかりの政典は、財政再建の方針として、大坂からの負債を帳消しにするという目標をたてた。そのためには、まずはなによりも倹約をし、疲弊していた農村をたてなおして、そこからの収入を地道に増やしていくしかない。よって、すでに始まっていた茶などの専売制については否定的であり、家老についた翌年には廃止されることになった。その好機を見逃さずに、茶などを一手に販売しようと石本家が飛びついたのである。

一時的に財政が好転することはあったものの、借金はかさむ一方だったので、そのしわ寄せは家臣や領民の肩に重くのしかかった。家臣はさらなる倹約を命じられ、領民もふくめて臨時の税が課されたからである。そこまでしても財政悪化をきりぬけられず、政典は難しいかじ取りを迫られたのだろう。一八四〇年に、ついに再び新たな専売制の実施にふみきり、これが茸山騒動の引き金となった。なぜ専売の新仕法が百姓たちに禍根をのこすことになったのかといえば、おもな理由は二つある。

ひとつは、球磨地方を取り囲む山々において、球磨地方の特産品の一つ椎茸が大々的に生産されていからだ。しかも、百姓ではなく、人吉藩の後ろ盾をえた特権商人の手によって実施されていた。

茸山騒動の直前に、全国各地において飢餓が人びとをおそった。天保《てんぽう》の飢饉(一八三三―三八)である。球磨地方でも食料が足りず、庶民は飢えに苦しんでいた。第二章で紹介したように、そういう凶作時には山菜などを食べて生きながらえる。それなのに、椎茸を生産する職人たちは、山菜を採ろうと入山してきた人びとを、ためらうことなく山から追い出した。だから、椎茸の専売に対して憎悪をつのらせたのである。球磨地方の方言で、椎茸のことを「ナバ」とよぶ。これが茸山騒動の名の由来となった。

もうひとつは、商品作物の買いあげに問題があったからである。そもそも藩が買いとる値段が、相場より低かった。買いとる際に、渡された藩札《はんさつ》もいわくつきであった。藩札とは、諸藩が独自に発行した紙幣のことをさす。人吉藩が発行した、この藩札の使い勝手が非常に悪い。税を納めるにあたっては使用できないし、それに紙幣の額面よりも、二割減の金額でしか通用しなかったのだ。

百姓らは生きのびるための糧を手に入れられず、商品作物も安く買いたたかれるという二重の苦しみにあえいでいた。その批判の矢面に、田代政典が立たされたのである。もともと専売制に批判的だった彼が、その専売制の元凶になったとすれば、なんとも皮肉なことだ。一揆勢が最初に五日町の打ちこわしに打って出たのも、じつは、この町に椎茸を取り扱う商店があったからである。

球磨茶をもとめる琉球人の思惑

球磨地方の百姓らは、商品作物として何が安く買いたたかれていたのかといえば、苧《からむし》とともに、なんと茶も不当な値段で買いあげられていたのである。琉球人が欲しがりもとめた球磨茶は、人吉藩の百姓らに豊かさをもたらすどころか、百姓一揆を起こさざるをえないほどまで土俵際に追いつめた。これをどう考えればよいのだろう。

茸山騒動の三〇年前の一八一一年に、こんな目算がたてられていた。球磨地方では、不作で茶の値段が高騰し、あるいは品質が落ちることがあるかもしれない。そこで琉球館の役人は、次の二つのケースを想定して、薩摩藩の役人に思惑をこぼした。

①人吉藩の産物会所から琉球館で球磨茶を買いとることになれば、高い値段がつけられることがあるかもしれない。しかし、人吉藩から茶の販売を請け負った商人も、それとは別に琉球館で売り出すであろう。その値段と比べれば、すぐに高額であることが発覚してしまう。だから、琉球側が高値で買うことはない。

②球磨地方が不作の年であれば、茶の値段が高騰するかもしれない。それでも産物会所から買いとることができた方が都合がよい。なぜなら、もともと産物会所から買うより、その販売を請け負う商人らから購入する方が、はるかに高いからだ。よって、産物会所から買いとりさえすれば、それほどの高値にはならない。

これらの理屈から強くにじみでているのは、球磨茶を一手に、しかも安く仕入れようとする琉球側の思惑だ。当然である。消費者であれば、少しでも商品を安い値段で買おうとするのは当り前のことだから。そうであるからこそ、琉球館の役人は、球磨茶が品質によって上・中・下という三つのランクにわけられて産物会所に納入・販売されているという、専売制のシステムまでも知っていた。ところが、その球磨茶を納める百姓たちが安い値段で買いたたかれているという、彼らの苦汁までは感じとってはいなかったのである。

2　モノからみた琉球史

自覚ある消費者とは何か

現在、日本人は、食料の多くを海外に依存している。二〇一六年度の日本の食料自給率をみると、カロリーベースでもっとも高い米は、なんとか九八パーセントを保っている。だが、食料全体でみれば四割にも満たない。日本が輸入することで、輸出する側にはどのような事態が起こっているというのだろう。

三〇年以上も前に、人類学者の鶴見《つるみ》良行《よしゆき》(一九二六—九四)は、バナナの生産・流通・消費のしくみをまとめた。一九七〇年代以降、日本ではフィリピンからバナナの輸入が急増していく。日本市場むけの専用農園で何が起こっていたのかといえば、日本人の口にあうバナナを低コストでつくるため、労働者は低賃金で働き、バナナにカビや虫がつかないように散布される強い農薬に体は悲鳴をあげた。企業と契約して、新たにバナナの栽培を始めた農家もいた。ところが、借金をして農園をつくったので、バナナを生産しても借金の返済におわれ、その額も水ぶくれする一方だった。

この現状を憂えた鶴見は、私たちに根源的な問いを投げかけた。

> つましく生きようとする日本の市民が、食物を作っている人びとの苦しみに対して多少とも思いをはせるのが、消費者としてのまっとうなあり方ではあるまいか。

ただ買う人、ただ食べる人ではなく、生産者の事情を知ってこそ、自覚ある消費者だというのだ。この視点で「茶と琉球人」をとらえ直してみよう。フィリピンの農園でバナナを栽培する労働者のように、たとえば球磨地方の百姓たちが健康被害に苦しんでいたわけではない。それでも、琉球人は安くて大量の球磨茶をもとめるだけで、それを生産していた球磨地方の人びとに対して思いをはせてはいなかった。ということは、彼らもまた、自覚ある消費者ではなかったことをあらわしている。

次にみるように、昆布の場合は、生産者の反発が吹き荒れるどころか、彼らの不満が、まるで心の奥底に深く積もっていくようであった。

昆布ロード

琉球国では、茶と同じように昆布も消費されていた。今日、昆布を炒めたクーブイリチーのように、沖縄料理の食材として、汁もの、煮もの、炒めものなどに昆布は欠かせない。それほど沖縄料理にとって昆布は多大な影響を与えているにもかかわらず、昆布そのものは沖縄では採れない。

昆布とは、日本ではおもに北海道・東北地方の沿岸に分布し、広く用いられている海藻のことをさす。寒流で育つので、当然ながら暖かい沖縄では採ることはできない。収穫して、しっかり乾燥させることによって商品となる。たとえば、ダシとしての昆布の利用は、あまねく知られていよう。そのダシとして比較的よく使われるのは、関東では鰹節なのに対して、関西では昆布である。なぜ昆布の産地からより遠い関西の方が昆布ダシなのかといえば、それは輸送ルートに起因していた。

昆布は日本海の航路をとおして蝦夷地《えぞち》(現北海道)から輸送された。江戸前期には、江戸商人の川村瑞賢《かわむらずいけん》(一六一八—九九)により、日本海側の輸送ルートである西廻り海運が整備された。のちには、日本海を経由して蝦夷地と大坂とをむすぶ北前船《きたまえぶね》も発達した。こうして蝦夷地への行きに米・酒などの商品が送られ、その帰りには昆布などの海産物を載せて大坂に戻ってくる。こうして関西では、ダシとして昆布が普及したのである。この「昆布ロード」と称される輸送ルートは、九州よりもさらに先へのびていく。

薩摩は「越中《えっちゅう》の薬売り」とよばれた富山の売薬商人から昆布を入手し、第二章で少しふれたように、薩摩の廻船によって琉球にもたらされていた。琉球の貿易品を一覧にした表2-1を見てほしい。「粗薬材」などの薬種が、中国から大量に輸入されている。つまり、薩摩は大量の昆布をもとめた、その見返りとして、琉球をとおして手にした薬種を富山の売薬商人に提供していたわけである。

「昆布ロード」は、さらにのびていく。琉球から中国へ昆布が輸出されていたからである。想像してほしい。江戸時代に、この昆布を誰が採っていたのかといえば、蝦夷地のアイヌである。「四つの口」の一つ、松前をとおしてどのようなことが起きていたのかといえば、もともとアイヌは松前藩の交易の相手とされていた。ところが、江戸中期以降は、漁場を経営する商人たちによって、労務者として厳しい労働を強いられていたことは、あまりにも有名な事実ではないか。

すなわち、重苦にあえぐアイヌによって、昆布をもちいた琉球の食文化も成り立っていたのである。それどころか、その昆布を中国に転売することによって、首里王府はしっかり利益を手にしていた。

八重山上布というブランド

琉球国の足元でもまた、茶や昆布と同じように、いやそれどころか、女性にとって苛酷で苦悩がにじむモノが生産されていた。

八重山では、税として米などの穀物が納められていたが、それ以外にも布の上納が課されていた。その布には、定納布《じょうのうふ》(上納布)と御用布という二種類がある。定納布とは、毎年、男女ともに決まった額で納める布のことをさし、上・中・下という三つのランクにわけられていた。そのうち女性のみが割り当てられていた上級ランクの織物が、八重山上布《やえやまじょうふ》である。一方、デザインが指定されるなど、特別な用途のために納めるのを御用布という。

布の上納は、まずは人口に応じて村ごとに割りふられた。次に村では、女性の数から、各自が織るべき数量が決められた。たしかに、男性も布の上納を命じられてはいる。しかし、彼らは織ることはせず、原料の調達などの労働力を供すだけであった。実際に布を織るのは女性のみで、島の役所である蔵元《くらもと》に布を納める時には、長さ、幅、シミ、疵《きず》など細部にわたる厳しい検査が待っており、場合によっては、やり直しを命じられることもあったという。

織物という苦しみから女性が逃れるためには、たとえば村以外の者の妻になって島を出て行けば、布を織らずにすむ。仮にそうしてしまうと、村に残っている者のうち、誰かの負担が重くなる。ということは、彼女たちの心情としては、生まれ島を離れることは難しく、仮に離れることになったとしても、後ろ髪をひかれる想いで船に飛び乗ったのではなかろうか。

布の上納は、八重山だけでなく宮古でも、つまるところは先島全体で課されていた。先島で織りあがった布は、蔵元をとおして首里王府に上納され、その一部は薩摩藩などへの贈答品となった。布を運ぶ船頭や水夫も、余っている布を求めた。これもまた抜け荷だ。商品価値の高い布は、島外へ出てどうなったというのだろう。

じつは、先島で織られた布は、薩摩を経て諸国に伝わったことから、日本本土では「薩摩上布」とよばれていたのだ。江戸・大坂・京都を中心にして、江戸時代の風俗が解説された随筆として『守貞謾稿《もりさだまんこう》』がある。作者は喜田川守貞《きたがわもりさだ》(一八一〇―?)で、ちょうどペリーが初めて来航した一八五三年に成立した。そのなかで、薩摩上布は次のように解説されている。

薩摩上布というのは紺地に白がすりが多く、白地に紺がすりも稀にある。価格は金四、五～一〇両ばかりする。……薩摩の紺地に白がすりの上布は、今、大流布している。

世間では夏服として薩摩上布が大流行しているというのは、本当だろうか。図終-2は、京都で作製された「諸国産物見立相撲《しょこくさんぶつみたてすもう》」である。相撲の番付表に見立てて、京都をほぼ中心として東と西とにわけ、全国の特産物が網羅的にとりあげられている。東の特産物のトップは昆布(松前)で、紅花《べにばな》(最上《もがみ》)と続く。一方、西のトップは鰹節(土佐)で、藍玉《あいだま》(阿波《あわ》)から左側にむかって四つ目に、薩摩の「上布」としっかり記されているではないか。

薩摩上布は、特産物の番付表でも上位に格付けされるなど、江戸時代の日本本土でいかに人気が高かったのかが理解できる。すなわち、八重山上布は薩摩の特産物にすり替わり、江戸時代の一大ブランド品となっていたのだ。

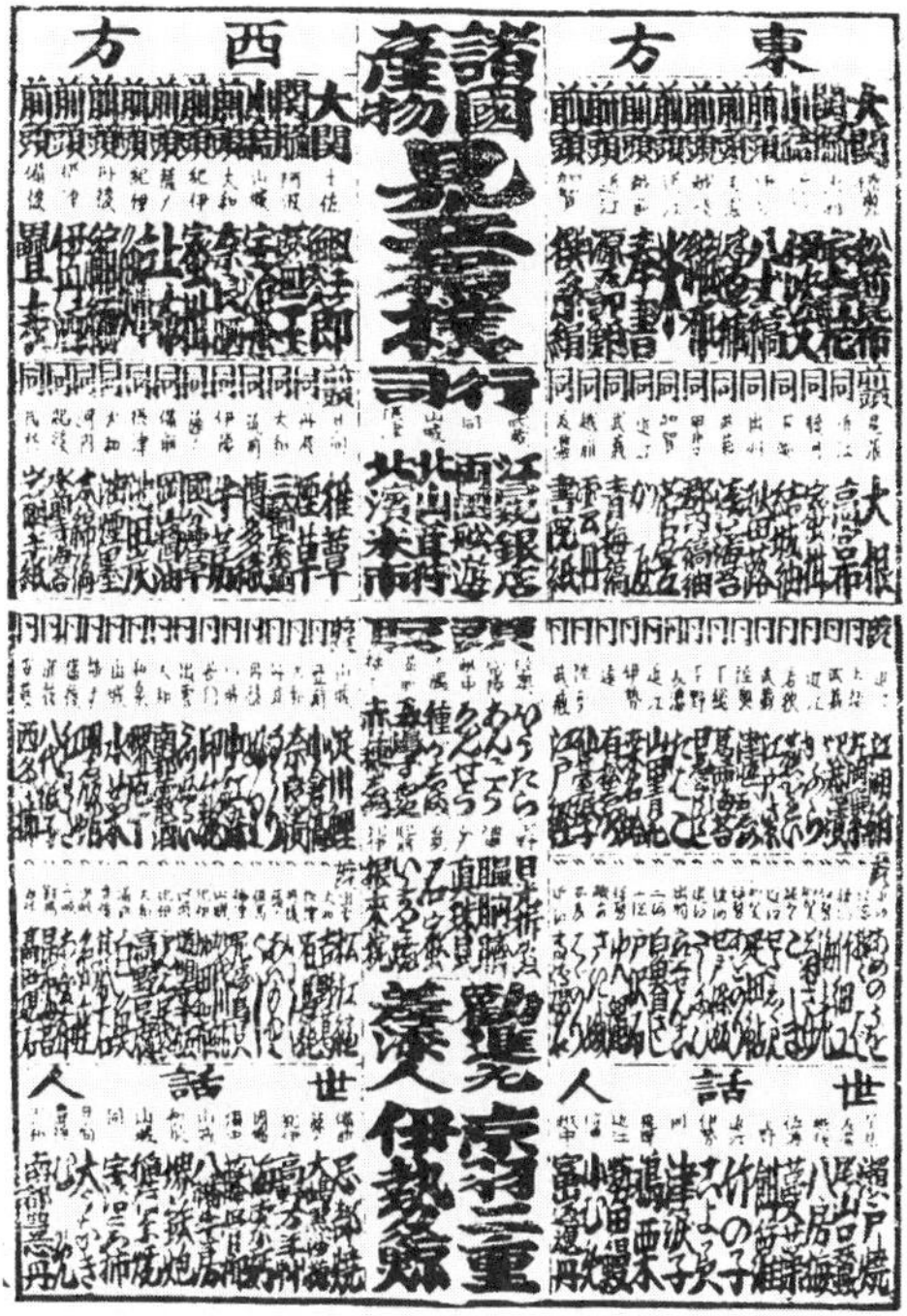

「諸国産物見立相撲」(部分)

諸国産物 見立相撲

東方		
大関	陸奥	松前昆布
関脇	出羽	最上紅花
小結	近江	伊吹艾
前頭	伊豆	八丈縞
前頭	美濃	つるし柿
前頭	越後	縮布
…	…	…

西方		
大関	土佐	鰹節
関脇	阿波	藍玉
小結	山城	宇治茶
前頭	大和	奈良晒
前頭	紀伊	蜜柑
前頭	薩摩	上布
…	…	…

図終-2 「諸国産物見立相撲」

支配者―被支配者という構図をこえて

薩摩藩が琉球国に侵攻して、薩摩藩＝支配者、琉球国＝被支配者という構図ができあがったことは、一点も疑う余地はない。しかしながら、茶・昆布・八重山上布の例からは、そういう構図ではとらえきれなかった諸相が浮かびあがってきた。

たとえば、球磨茶について、薩摩藩＝支配者、琉球国＝被支配者という構図のみでとらえていたとしたら、どんな評価をしていただろう。薩摩から輸入されていた球磨茶が琉球で消費されていたという史実のみが、おそらくクローズアップされていただけではなかろうか。琉球人は、支配をしている薩摩藩から強制的に球磨茶を買わされていた、そういうゆがんだ見方をしていた可能性があるかもしれない。

ところが、薩摩藩＝支配者、琉球国＝被支配者という枠組みをこえて、いいかえれば球磨茶の消費の面だけではなく、そこに生産・流通の面もふくめてみたとしよう。生産というのは球磨地方での茶の栽培のこと、流通というのは人吉藩や豪商の販売戦略のことをさす。それら両面をとらえることによって、高い品質を誇っていた球磨茶を琉球人が必死になって手に入れていたなどの実態が、次々と解き明かされていったといえる。

昆布や八重山上布もまた、薩摩藩や琉球国という支配の枠をこえて広範囲に流通していた。

このようにモノという視点をすえることによって、これまでの支配者―被支配者という構図では、まったくとらえきれなかった事実が浮き彫りとなった。茶、昆布、八重山上布のほかにも、琉球をとおして、いろいろなモノが東アジアを中心に流通していたことは想像に難くない。はたして、どのようなモノが、どこで生産され、誰が流通をにない、そしてどのように消費されていたのか。これを分析していくことは、今後の琉球史を考えていくうえでの、新たな視点となることは間違いない。

3　近世琉球の〝自立〟を問う

琉球社会の土台

本書の課題は、茶というモノをとおして、近世琉球の〝自立〟を問うことにあった。これまで明らかになった史実をふまえながら、上記の課題をクリアしていきたい。

琉球国は、この国が成り立ってから、アジアのなかで中継貿易によって繁栄をきわめた。その延長上で、近世琉球にいたっても、海を介した交易によって社会が成り立っていたと先入観をもってしまいがちである。だが、中国との進貢貿易が赤字であったということは、裏を返せば、貿易に依存しなくても、琉球人の暮らしは成り立っていたということになろう。
この問題を考えるため、中国からの輸入品を示した表2－1を、あらためて見直してみたい。いろいろなモノが輸入されているなかで「白糖」に注目してみよう。白糖とは、上質の白い砂糖のことをさす。食生活にとって、甘味料はなくてはならない。ところが、琉球そのものがサトウキビの名産地なので、砂糖は自給できていて当然である。ということは、白糖は嗜好品として、あえて輸入して上流クラスのあいだなどで消費されていたとみてよい。おそらく表2－1に示されたモノの多くは、舶来品として重宝されていたのではなかろうか。
そしてなによりも重要なのは、表2－1の輸入品のなかには、米などの日常の食料は一切ふくまれていないということだ。これは琉球社会で食料を自給できていたことを意味する。

琉球人の生業は、主として農業である。

幕末に来航したペリーの『日本遠征記』には、琉球人が農業を主としていたという事実が雄弁に語られている。首里王府の政治も、やはり農業に重きがおかれていたことを、蔡温は迷いなくこう証言する。

政務できわめて重要なものは、農より先のものはない。農は国の本である。農民を愛することは、国を愛することでもある。

すなわち、近世琉球においては、農業を土台として社会は〝自立〟していたのである。それどころか、第一章でみたように、コイ、フナ、ウナギ、タニシといった、水田とその周辺に生息する魚介類も食されていた。海に依存して社会が成り立っていたとすれば、田んぼにすむ淡水魚などを捕って、わざわざ食べるだろうか。細かい点ではあるが、こういう食生活もまた、農業を土台として社会が成り立っていたことを示している。

農業と王の歴史

琉球が農業型社会であったということは、これまで見落とされていたかもしれない。だが、琉球国の歴史書には、きちんと反映されている。一七〇一年に、蔡温の父である蔡鐸は、琉球の正史『中山世譜《ちゅうざんせいふ》』を編集した。同書によれば、琉球は次のように誕生したという。

図終-3　受水走水

> 王のはじめを天孫《てんそん》氏といい、その子孫が継承して統治していた。……民はいまだに農業を知らず、草木の果実や鳥獣を食べていた。そののち、年をへて麦・粟・黍《きび》が久《く》高島《だかじま》(現沖縄県南城市)に自然と生え、稲の苗が知念《ちねん》・玉城《たまぐすく》(現南城市)に生じた。こうして民は初めて穀物を食べるようになり、農業がおこったのである。

琉球の誕生には、やはり農業が大きく寄与していた。根も葉もない話だと思われるかもしれない。しかし、南城《なんじょう》市玉城地区には、稲作発祥の地という伝承のある受水走水《ウキンジュハインジュ》がある。図終-3で示したように、今でも南城市仲村渠《なかんだかり》祭《さい》祀《し》委員会の手によって、旧暦正月の初午《はつうま》の日には、「親田御願《ウェーダウガン》」とよばれる豊作を願う田植えの儀式がおこなわれている。さらに、沖縄の年中行事は、稲を中心にした農作物の豊作を祈るための祭祀であることも補足しておこう。

『中山世譜』より約半世紀も前の一六五〇年に、羽地朝秀は琉球国にとって初めての正史『中山世鑑《ちゅうざんせいかん》』を編んだ。そのなかで尚円《しょうえん》(一四一五―七六)については、こんなエピソードがある。幼き頃、尚円は伊是名《いぜな》島(現沖縄県伊是名村)で農耕をしながら暮らしていた。旱魃《かんばつ》がおこった時、田んぼの水が干上がったので、村人は水の心配をして奔走する。ところが、彼は自分の田んぼには何もしなかった。話はこう続く。

それでも、尚円の田んぼには雨天のように水が満ちていた。村人は、これが聖なる兆しであるのも知らず、彼が他人の田んぼから水を盗んでいると騒ぎたてた。

驚いた尚円は身の潔白を主張するも、村人らは聞き入れてくれない。仕方なく二四歳の時に、初めて小さな島を出て沖縄本島に渡った。

尚円という人物については、少し前置きが必要だった。じつは、彼は、序章でふれた尚真の父なのである。尚円はクーデターで、それまでの王統を倒し、みずから即位して王の位につい

図終-4　琉球の農夫

た。このエピソードからは、新しい王統が誕生するにあたり、農業がその神聖さを裏づけていることがわかる。

王と鉄製農具

図終-4は、ペリーの『日本遠征記』に描かれている琉球の農夫である。大地にしっかりと足を踏みつけて立っている。足の太さからは、農耕に励む力強さが感じられよう。

彼とともに、この絵には琉球の農業を維持していくうえで、なくてはならない三つのモノがひっそりと描かれている。一つは左奥の百姓が持つ鍬《くわ》である。どことなく柄も鍬先も細い。田畠を深く耕すには、骨がおれたことだろう。この鉄製農具に注目したい。

蔡鐸の『中山世譜』では、琉球国を創始した尚巴志についても、こんなエピソードを残す。

幼き頃、尚巴志は、体が小さかった。与那原《よなばる》(現沖縄県与那原町)へ遊びに行った時、鍛冶職人に剣を打たせようとしたが、職人は農具作りで忙しい。ようやく三年たって剣はできた。ある日、船に乗って遊んでいると、泳いできた大魚が彼を呑みこもうとしたが、その剣を見るや、おそれて退いた。この時、船に鉄の塊を積んだ異国人が、与那原で商売をしていた。その剣を珍しがった商人は、鉄の塊と剣とを交換して帰っていった。こうして鉄の塊を手に入れた尚巴志は、それを百姓に与えて農具を作らせたので、百姓は感服して、おおいに民心をつかんだという。

これと似たストーリーが、沖縄では「わらしべ長者」という昔話として語り継がれている。その話をかいつまんで、各章の扉に紹介している。田畠を耕すためには農具がいる。王の歴史にとってだけではなく、昔話として残されるくらい、琉球の歴史にとって農具はかかわりが深かった。これもまた、琉球が農業型社会であることを示している。

なぜ、ここまで農具が重視されていたのかといえば、沖縄では鉄が産出されないといわれており、鍬などの鉄製農具は貴重だったからだ。近世琉球より前の一五三四年に琉球を訪れた陳侃も、『使琉球録』のなかで、鉄についてこう記す。

琉球では鉄器を好む。それは鉄が産出されないからであろう。庶民の炊事では、法螺貝《ほらがい》の殻を多く用いているくらいである。もし釜などで煮炊きをし、あるいは鉄の農具で耕作をしようとする者がいたとすれば、必ず王府から購入して使わなければならない。そうでないと禁を犯したこととなり、罪せられる、と。

近世琉球では、おそらく鉄製農具の原料となる鉄の塊は、進貢貿易ではなく、日本本土からの船、あるいは琉球に漂着した異国船などから輸入されていたのだろう。もちろん、農具そのものも輸入されていたが、それより次のような方法で製されていたことも十分にありえる。薩摩からは、琉球館をとおして大量の鍋が琉球に輸入されていた。刈り取ったサトウキビを煮詰めて黒砂糖を作るためだ。たとえば、廃材となった鍋から鉄を取り出し、鍛冶職人が鉄製農具を製作することもできたであろう。

鉄が貴重であったことは、『農務帳』の「農業の心得」第五条において、農具を大切にすべきことが教諭されていることからもわかる。新たに農具を購入することは難しいので、それを修理するため、王府は百姓一人につき米一升五合ずつ納めさせ、その半分を鍛冶職人に渡していた。ところが、それが百姓にとって負担となったので、近世前期の一六六七年に羽地朝秀がこの税を廃止し、間切に一人ずつ鍛冶職人をおくように定めた。

鉄器の大きな特徴として、修理再生によって繰り返し使用できるというメリットがある。つまり、農鍛冶の手によって修理された鉄製農具が、再生利用(リサイクル)されていたというわけだ。言い換えれば、琉球の百姓は、持続可能な農具を使っていたといえる。

王府の雨乞い

図終-4の農夫の話にもどろう。

農業を維持していくうえでなくてはならない別のモノを、右奥の百姓が運んでいる。天秤棒《てんびんぼう》をかついで桶《おけ》で運んでいるモノの中身としては、二つが想定できよう。一つは水である。治水については第一章で述べたように、近世中期に蔡温の治水をきっかけにして、国土の河川が次々と改修されていった。そこまで対策を講じていても、ヒトの力ではどうすることもできないことがある。

沖縄本島は台風のシーズンが長い。その反面、台風が接近しないと、恵みの雨がもたらされない。雨が降らなければ、人びとにとって死活問題となる。それは飲み水が不足するだけではなく、せっかく育った作物が枯れてしまい、やがて凶作となり、最悪の場合は飢饉におちいったからだ。

そういう危機的な事態が起こらないように、首里王府はある儀礼をおこなっていた。一、二か月も雨が降らない日が続いたとしよう。その時には、王府は先例を調べて吟味したうえで、国王の判断のもとで雨乞いが実施されたのである。この儀礼は三日間におよび、祈願は首里城だけではなく、たとえば円覚寺においても僧侶によっておこなわれた。

龍王《りゅうおう》がなし、雨《あみ》たぼ《（給）》うれ、雨降て五穀やし《（養）》なやうれ、雨たぼうれ、龍王がなし。
龍王がなし、雨たぼうれ、雨降てぼさつ《（菩薩）》やしなやうれ、かみしも《（上下）》揃《する》て、願《にげ》やべら。

恵みの雨をもたらす龍王に祈るために、首里城ではこのような歌を謡いながら、竹の葉を水に浸して、その水を参列者にぱらっとかける。一度の雨乞いで雨が降らなければ、二度、三度とくりかえす。それでも旱魃が続くことになれば、国王みずから知念・玉城に赴いて雨を祈ることもあった。知念・玉城という地域は、上述したように初めて稲が生じたと伝わる場所である。そういう聖地だからこそ、必ず雨を降らせようと、最後にたよったのかもしれない。

雨乞いは、日本本土だけではなく、たとえば中国や朝鮮の農村地帯でも広くおこなわれていた。そのような儀礼があったという点もまた、琉球が農業型社会で成り立っていた証左のひとつといえよう。

自給肥料の問題

もう一つ、図終-4の桶で運ばれているモノとして想定できるのは肥料で、中身は下肥なのかもしれない。この肥料問題も、あらためて考えてみよう。明治前期の産物がまとめられた『沖縄物産志』は、肥料への評価が手厳しい。

農家は草木を育てる方法を知らない。肥料に乏しいことが、その原因である。人糞《じんぷん》は豚の食料となっており、漁業に励まないので魚介・海藻が肥料となるのも知らない。

日本本土では、たとえばイワシから干鰯《ほしか》をつくり、肥料として田畠に投入されていた。このように土壌にとって養分の高い肥料をつくることもなく、人糞までブタの飼料としているというのだ。なぜ、もっと肥料を増産しようとしないのか。そういう歯がゆさも、なんとなくニュアンスとしては伝わってこよう。

たしかに琉球では、人糞はブタの飼料にもなっていた。しかし、ブタを飼うのは、その糞尿を肥料として使うねらいもあった。ブタの機能としては、①ヒトの排泄物《はいせつぶつ》などをブタに処理させる、②ブタを育てる、③ブタの排泄物などで肥料を生産して作物をつくる、④育ったブタを祭祀《さいし》儀礼の際に食べる、という四つがある。日常生活では①→②→③→①という順序で、祭祀儀礼などでは①→②→④→①という流れで循環していく。これをふまえて、民俗学者の萩原左人は、ブタのいるありきたりの暮らしをこう断じた。

沖縄の豚飼養は、単に食用家畜を肥育するというだけではなく、住生活・食生活・廃棄物の処理・農耕・祭祀儀礼などと結びついた、多機能かつ複合的な生活技術として位置づけることができる。

もちろん、江戸時代の日本本土でも、一七世紀までは下肥のような自給肥料を使うなどして、百姓はみずからの生活圏だけの資源にたよって農業を営んでいた。ところが、新田開発がピークに達した一八世紀以降は、遠隔の地から資源を調達しなければ、肥沃な水田を保てなくなってしまった。だから、百姓は自腹をきって、干鰯のような肥料を外部から手に入れなければ、農業を維持できなくなった。誤解をおそれずにいえば、江戸時代の本土は、その根底において持続可能な社会ではなかったのである。

一方、琉球では、ほとんど肥料を購入することなく、それを自給することによって農業が維持されていた。しかも、ブタ飼養の例からわかるように、ヒトの排泄物までもが再利用（リユース）・再生利用（リサイクル）されていた。持続可能な肥料が使われ続けたと評価できる。

“持続可能性”というモノサシ

今から約五〇年も前のこと——。

歴史家で弁護士でもある新里恵二《しんざとけいじ》（一九二八—二〇一三）は、日本本土と比べて、琉球・沖縄の歴史がおくれて出発していたことに警鐘をならした。一例をあげると、仏教の伝来は、本土が六世紀半ばなのに対して、琉球・沖縄ではそれから七世紀ほどおくれていた。新里はこれを悲観するのではなく、むしろポジティブなこんな言葉が口をついた。今も続く沖縄の後進性の歴史的原因を明らかにし、そこから脱け出す方法についても、みんなで考えていかなければならない、と。

だが、考古学者の安里進は、この「おくれた歴史的出発論」を問いただすべきだと言う。なぜなら、農業型社会の日本の歴史というモノサシで、琉球を測っているからである。琉球・沖縄社会の発展の原動力となったのは、海を媒介した交易である。だから、琉球・沖縄の歴史は農業生産力というモノサシでは測れないのではないかと、疑問を呈したのだ。

傾聴すべき意見ではある。だが、すでに述べたように、こと近世琉球という時代にかぎってみれば、本土と琉球が農業型社会であったことは共通点といってよい。農業生産力というモノサシで本土と比べれば、たしかに琉球の生産力は低いし、それに農業方法もおくれていた。

しかし、農業生産力ではない、別のモノサシで農業型社会の琉球を測ったらどうなるのだろう。そのモノサシとなるのが〝持続可能性〟である。地球的規模でみると、現在の私たちは、地球温暖化、生物多様性の減少、資源の枯渇、水不足などの難題をかかえている。限りある資源を守りながら、いかに暮らしていくのか。そのために持続可能な社会をつくりだすことが喫緊の課題となっている。

その〝持続可能性〟というモノサシで、琉球社会を測ってみよう。図1-4によれば、水田が広がったことによって水辺の生き物が増えた。農耕を手伝うために家畜を飼っていたとしても、そこから排出される、地球温暖化の原因となる二酸化炭素の量は、かぎりなくゼロに近かった。百姓が営む農業も、多くは再利用(リユース)・再生利用(リサイクル)させた自給肥料を使っていた。

近世琉球においては、農業を土台とした持続可能な社会が、基本的には形成されていたとみてよい。本土が達成できなかった、琉球社会の〝持続可能性〟という面を、これからはもっと積極的にアピールしていくべきである。琉球が持続可能な社会を達成していたとしたら、そのような社会はいつ成立したのか。それは琉球国が成立してからか、それ以前のどこまでさかのぼることができるのか。他方で、近代になっても持続可能な社会は維持できたのか、それがどのようにして限界に達したのか。

琉球農業国家――。すなわち、これが「茶と琉球人」を追い続けてきたことで見えてきた、新たな琉球の国のカタチなのであった。したがって、これからは、琉球国＝交易型社会という先入観をはぎとった、新たな琉球・沖縄史の研究をスタートさせていくべきである。

おわりに

疎開者と球磨茶

「はじめに」で述べた、沖縄からの疎開者の話の続きをしよう。

一九四四年に古堅ユキらは、球磨地方の寿泉寺に宿泊していた。現在、そこで住職をつとめる勝枝之総と母の志美子は、彼女たちについては間接的にしか知らないと断りをしたうえで、こう話す。

寿泉寺が沖縄からの疎開者を受け入れたのは、学校についで建物が大きいので大人数を収容でき、それに政府の指示に従ったからだという。自給自足の暮らしをする疎開者は、大広間の板の間にゴザを敷いて寝泊まりをしていた。本堂には、板よりも寝心地のよい畳の部屋があるにもかかわらず、である。疎開者が本堂で暮らせなかったのは、そこが陸軍の宿営地となっていたからだ。

兵隊が泊まる本堂には、缶詰めなどの補給物資が山積みされていた。だから、兵隊＝裕福、疎開者＝貧困、この暮らしのギャップに驚いたと聞いている。ただし、沖縄からの疎開者が、みんな貧しかったわけではないことも知ってほしいと釘をさす。なぜなら、ある町では、土地や家を借り、あるいは駅前に一軒屋を借りて商売を始めた方もいたからだ。

現実に疎開者たちが暮らしていたことを示す、動かぬ証拠も残されていた。亡くなった方のリストである『過去帳』である。この帳簿には、一九四五年八月二一日、いわゆる玉音放送が流された日から六日後に、わずか五歳で亡くなった女の子の名前が記されていた。沖縄県民のなかには、沖縄戦だけではなく、日本本土で息が絶えた人もいたのだ。

疎開していた時期に、球磨茶は生産されていたのか。地元では、焼畑のことを「コバ焼き」とよぶ。寿泉寺付近の農家では養蚕がさかんだったが、そのまわりでは昭和三〇年代(一九五五―六四)頃まで焼畑によって蕎麦を作っていた。山のそばや田んぼの畦などでも茶があったということは、栽培されていたのは山茶《やまちゃ》だったことになろう。

すなわち、「はじめに」で紹介した疎開者が寿泉寺で接待を受けた時の〝茶〟も、焼畑のあとに自生する山茶、いや球磨茶であった可能性が非常に高い。琉球人が愛した球磨茶を、それから一世紀以上もたったあと、疎開していた沖縄県民が飲んでいたのかもしれない。

今の球磨地方では、山々に自生している茶の木はわずかにあるが、焼畑自体はおこなわれていない。よって、球磨茶も販売はされていない。はたして、疎開者が飲んだ〝茶〟は、かつて琉球人が好んだ香味の強い味がしていたのか。それは疎開者たちの味覚にもあっていたのだろうか。

疎開者は球磨茶を飲んだのか

一九四四年八月、沖縄師範学校男子部附属国民学校六年生だった島田（旧姓桃原）照子は、学童疎開のため、対馬丸に乗船するのを待っていた。ところが、突然、待機していた暁空丸《ぎょうくうまる》という別の貨物船に乗るように指示された。それが生死をわけた。なぜなら、那覇を出港して、その翌日の夜に、対馬丸が襲撃されたからである。暁空丸に乗った学童たちのなかには、甲板の上から、遠くで対馬丸が燃えるのを見た人もいた。

息苦しい船底に押し込められ、数日後には長崎に到着し、そこから鉄道で熊本県日奈久《ひなぐ》町（現熊本県八代市）へ向かった。一〇〇人をこえる児童たちが宿泊したのは、日奈久温泉の柳屋《やなぎや》旅館《りょかん》である。そこでの暮らしは、沖縄の方言でいう、この言葉三つにつきる。

ヤーサン（ひもじい）

ヒーサン（寒い）
シカラーサン（寂しい）

空腹が満たされることはない。これが疎開先での、一番の苦しみであった。たとえば、親指と人差し指でつくった輪に、二の腕が入るほどの栄養失調だったという。夏用の服しか持って来ていなかったので、それで冬の寒さを我慢するしかない。霜焼けをした手はかゆくて痛くて、温めようもなかった。親元を離れて泣く子を上級生がしかっていたが、その上級生も本音を言えば寂しかった。

翌年六月に、沖縄が「玉砕」したという話を先生から聞く。日奈久のまわりで爆撃があったこともあり、学童たちは分散して熊本県の山の手にある下益城《しもましき》郡中山《なかやま》村（現熊本県美里町）へ避難した。二次疎開である。その時、先生から連絡を受けて、保護者が子どもを引き取りに来るケースもあった。照子の家族も、沖縄から球磨地方の多良木町に疎開していた。母が日奈久まで迎えに来たので、そこで彼女は家族と一緒に暮らすことになり、熊本県立多良木実科高等女学校（現熊本県立多良木高等学校）（以下、多良木高女と記す）に通うことになった。

それでは、球磨茶はどんな味だったのだろう。彼女は、静かに言葉を継いだ。

飲んだ覚えはありません。
生活が精一杯で、お茶を飲む余裕はありませんでしたから……。

無理もない。その日に何を食べるのか、やりくりを迫られ、たとえば米粉を水団《すいとん》のようにして食べる毎日であった。だから、わざわざ茶を買って飲むほどの金銭的な余裕がなかったのである。しかし、これは疎開者だけのことではない。球磨地方の人たちにとっても、同じように食糧事情の内実は厳しかった。
沖縄から球磨地方へ疎開したことで、かつて琉球人が愛した球磨茶を味わうチャンスはあった。しかし、それはほとんど叶わなかった。

うら若き少女の体験

照子の姉の真栄平(旧姓桃原)光子も、多良木高女に通っていた。一九四五年三月に、一緒に卒業した東(旧姓木場田)キヨ子、岩木(旧姓豊永)照子は、感情的にこんな声をあげた。

私たちは、同窓ではなく同志——。

卒業すれば、普通は「同窓」と答えてもよいはずなのに、あえて「同志」と熱く唱えるのだ。それには理由がある。鮮明に濃くよみがえる、うら若き少女だった時の体験を語ってくれた。

多良木高女に入学してから、英語の授業がなくなり、竹槍の訓練が始まり、そして軍服を作るようになるなど、教育はしだいに軍事色が強くなっていった。卒業をするまで、のこり五か月となってから、ついに彼女たちは学校に通えなくなった。その間、どこで何をしていたのかといえば、熊本市の三菱重工業熊本航空機製作所で働いていた。学徒勤労動員のためである。学徒勤労動員とは、戦時中に学生・生徒が義務づけられた勤労奉仕のことをさす。各地から動員された女学生たちは寮で共同生活をし、茶を飲む暇もなく、それが敵機に体当たりをする役割だと知りながら、工場で油にまみれて飛龍《ひりゅう》という戦闘機を組み立て続けた。

卒業式が近づいてきたある日、寮に戻っていると敵機が襲った。かろうじて一命をとりとめ、翌日おそるおそる工場に行ってみた。自分の眼を疑った。なぜなら、攻撃を受けた工場の壁には、飛び散った血や肉片がベタベタとくっついていたからだ。

卒業式の日になっても故郷へは戻れず、ここで多良木高女もふくめた一二校による合同の卒業式がひらかれた。女学生全員が「神風」と書かれた鉢巻をしめ、まさに式に出席していた瞬間に、不意に敵機来襲のサイレンが鳴った。飛来してきたアメリカ軍機グラマンは、太陽を背にして急降下しながら工場を襲う。彼女たちは、卒業証書一枚だけを手にして逃げ、一目散に竹やぶなどのなかに隠れた。爆風から身を守るため、急いで両手で耳をふさぐ。その場で顔を上げると、超低空飛行をしながら、機銃掃射を加える乗務員の姿がはっきりと見える。敵兵と目があうと、その顔はニヤッと笑っていた。

結局、それまでの多良木高女の卒業生とは違って、終戦の年に卒業した彼女たちの世代は、あれほど待ち望んでいた修学旅行に行けなかった。だから、卒業して以降、毎年のように、修学旅行のつもりで旅行を楽しんだ。還暦の時には沖縄を訪れ、すでに疎開から戻って暮らしていた「同志」の光子にも会った。

彼女たちが、ここまで結束力が固い理由は明快だ。学徒勤労動員で、苦労をともにしただけではない。それはなによりも、寮で一緒に風呂に入って、いつもスキンシップをとっていたからなのだ、と。

疎開者がのこした言葉

沖縄での決戦のために日本本土へ疎開したはずなのに、そこで戦争に巻き込まれた。幼い女の子は命を落とし、別の女の子は学童疎開で乗る船が変更されたことで九死に一生をえた。「同志」として女学生が勤労奉仕をした工場は、生と死とが隣りあっていた。疎開した沖縄県民もまた、戦争という痛々しい体験をし、生死の淵をさまよっていたのである。

通常、沖縄戦といえば、沖縄での戦いばかりが注目される。それが当然のことだとしても、沖縄での決戦のために、国策に従って疎開がおこなわれたということは、疎開も沖縄戦とまったく無縁とはいえまい。もし、こういう考えが正しいとすれば、決戦のために沖縄を離れた疎開者もまた、「もうひとつの沖縄戦」の体験者ではなかったのか。

生まれ島を離れて見知らぬ土地で不安を抱えながら、戦時下で歯をくいしばったこともあったにちがいない。沖縄が「玉砕」したことを知った時の心の震えも、どうやって鎮めることができたというのだろう。とはいえ、疎開の体験についてはふれてほしくないと、心の奥底にしまいこんでいる方も多いのではなかろうか。それは沖縄から逃げて生きのびたという過去に負い目を感じ、あるいは肩身のせまい思いをしている面があるからかもしれない。

それでも私たちは、沖縄戦だけではなく、疎開を経験し、あるいはアジア・太平洋の各地から引き揚げ、復員してきた方々にも真摯にむきあい、話を聞いて語り継いでいくべきである。大切な命を守りつないだことによって、戦後の沖縄を支え、その発展を導いただけではなく、社会の原点のようなものを築いてきたといえるからだ。その訳は、「はじめに」で登場した古堅ユキが、球磨地方から沖縄に戻ってからのことを知れば明白となる。

彼女は沖縄に戻ってからも教員をし続けたが、じつは沖縄戦で夫だけではなく、多くの教え子たちも失っていた。もっとも辛いのは、毎年六月二三日にめぐりくる慰霊の日だった。なぜなら、沖縄戦の犠牲者を追悼するために遺族と会うと、最初のうちは涙で話もとぎれたが、三十三回忌をすぎると静かに話ができるようになった。けれども、白髪が増えて歳をかさねた遺族のみなさんに会うようになると、あどけない昔のままの教え子たちの顔を想い出してしまい、それが耐えきれないからなのだ、と。

はたして、ユキは、どんな信念をいだいて、戦後の沖縄を生き抜いてきたのか。終戦から約四〇年後に発した次の言葉には、今の沖縄や、ひいては日本社会の原点だけではなく、未来へ向けて守り続けなければならないものが〝何か〟が確信できるはずだ。

最後に彼女がのこした言葉を示して、本書の幕をとじることにしたい。

あなたがたの死を無駄にはいたしません。二度と「ひめゆりの塔」などのような塔はつくらせません。私は生きているかぎり、平和な日本になるよう力をつくしてがんばります。教師であったひとりとして、また、沖縄に生まれ育った者のひとりとして――。

主要参考文献・史料

《主要参考文献》

全体にかかわるもの

安里進・高良倉吉・田名真之・豊見山和行・西里喜行・真栄平房昭『沖縄県の歴史』(山川出版社、二〇〇四年)
安良城盛昭『新・沖縄史論』(沖縄タイムス社、一九八〇年)
浦添市史編集委員会編『浦添市史　第一巻　通史編　浦添のあゆみ』(浦添市教育委員会、一九八九年)
沖縄県文化振興会公文書管理部史料編集室編『沖縄県史　各論編　第四巻　近世』(沖縄県教育委員会、二〇〇五年)
沖縄県文化振興会史料編集室編『沖縄県史　各論編　第三巻　古琉球』(沖縄県教育委員会、二〇一〇年)
武井弘一『江戸日本の転換点』(NHK出版、二〇一五年)
豊見山和行編『日本の時代史一八　琉球・沖縄史の世界』(吉川弘文館、二〇〇三年)

はじめに

比嘉春潮『比嘉春潮全集　第三巻』（沖縄タイムス社、一九七一年）

序　章

伊波普猷『伊波普猷全集　第一巻』（平凡社、一九七四年）
上原兼善『島津氏の琉球侵略』（榕樹書林、二〇〇九年）
上原兼善『近世琉球貿易史の研究』（岩田書院、二〇一六年）
高良倉吉『琉球の時代』（筑摩書房、一九八〇年）
津波高志『沖縄側から見た奄美の文化変容』（第一書房、二〇一二年）
豊見山和行「「江戸上り」から「江戸立」へ」（沖縄県立博物館・美術館編『琉球使節、江戸へ行く！』、沖縄県立博物館・美術館、二〇〇九年）
外間守善『私の沖縄戦記』（角川学芸出版、二〇一二年）
松尾晋一『江戸幕府と国防』（講談社、二〇一三年）
宮古島市史編さん委員会編『宮古島市史　第一巻　通史編　みやこの歴史』（宮古島市教育委員会、二〇一二年）
山里純一『古代の琉球弧と東アジア』（吉川弘文館、二〇一二年）

第一章

武井弘一『鉄砲を手放さなかった百姓たち』（朝日新聞出版、二〇一〇年）
豊見山和行『琉球王国の外交と王権』（吉川弘文館、二〇〇四年）
豊見山和行「土地所有・雑物・喰実畑」（松井健・名和克郎・野林厚志編『グローバリゼーションと〈生きる世界〉』、昭和堂、二〇一一年）

第二章

安藤保「近世後期石本家と薩摩藩の関係について」（『九州文化史研究所紀要』四五、二〇〇一年）
石崎博志『しまくとぅばの課外授業』（ボーダーインク、二〇一五年）
内村進「沖縄県の茶業」（『台湾之茶業』二二―一、一九三八年）
乙益重隆「山の神話・その他」（網野善彦ほか編『列島の文化史』二、日本エディタースクール出版部、一九八五年）
ジョン・F・エンブリー『日本の村――須恵村』（日本経済評論社、一九七八年）
竹内誠『寛政改革の研究』（吉川弘文館、二〇〇九年）
徳永和喜『薩摩藩対外交渉史の研究』（九州大学出版会、二〇〇五年）
松下智『ヤマチャの研究』（岩田書院、二〇〇二年）
宮崎克則「豪商石本家と人吉藩の取引関係」（『九州文化史研究所紀要』四五、二〇〇一年）
宮原政雄「沖縄県茶業調査【二】」（『茶業界』九―四・五、一九一四年）
宮本常一『私の日本地図一一　阿蘇・球磨』（未来社、二〇一〇年）

第三章

新垣力「首里城出土の茶道具にみる琉球の喫茶」(『淡交』七二八、二〇〇五年)
池田榮史「琉球近世灰釉碗考」(高宮広衛先生古稀記念論集刊行会編『高宮広衛先生古稀記念論集　琉球・東アジアの人と文化(上巻)』、高宮広衛先生古稀記念論集刊行会、二〇〇〇年)
喜舎場一隆「琉球における茶道」(『九州文化史研究所紀要』三五、一九九〇年)
豊見山和行「琉球王府による蘇鉄政策の展開」(安渓貴子・当山昌直編『ソテツをみなおす』、ボーダーインク、二〇一五年)
比嘉春潮『比嘉春潮全集　第三巻・第四巻』(沖縄タイムス社、一九七一年)
真栄平房昭「ペリー艦隊の来航と女性犯罪」(『女性学評論』一三、一九九九年)
山里純一「史料紹介――琉球の木簡二題――」(『木簡研究』一九、一九九七年)

終　章

朝岡康二『日本の鉄器文化』(慶友社、一九九三年)
安里進「琉球・沖縄史をはかるモノサシ」(新崎盛暉・比嘉政夫・家中茂編『地域の自立　シマの力(下)』、コモンズ、二〇〇六年)
新里恵二『沖縄史を考える』(勁草書房、一九七〇年)
武井弘一「人吉藩の林政と「茸山騒動」」(『熊本史学』七〇・七一合併号、一九九五年)

鶴見良行『バナナと日本人』(岩波書店、一九八二年)
中村羊一郎『番茶と日本人』(吉川弘文館、一九九八年)
萩原左人「肉食の民俗誌」(古家信平・小熊誠・萩原左人『日本の民俗一二　南島の暮らし』、吉川弘文館、二〇〇九年)
宮崎克則「肥後人吉藩の藩政改革と「茸山騒動」」(『地方史研究』二〇四、一九八六年)
山里純一『沖縄のまじない』(ボーダーインク、二〇一七年)

おわりに

古堅ユキ「二度とひめゆりの塔は作らせまい」(沖縄県教育文化資料センター平和教育研究委員会編『沖縄戦と教育』、沖縄時事出版、一九八二年)

《史料》

青木虹二編『編年百姓一揆史料集成　第一六巻』(三一書房、一九九一年)
稲田浩二・小沢俊夫責任編集『日本昔話通観　第二六巻　沖縄』(同朋舎出版、一九八三年)
伊波普猷・東恩納寛惇・横山重編『琉球史料叢書　第一』(名取書店、一九四〇年)
浦添市教育委員会編『浦添市文化財調査研究報告書第二八集　浦添間切前田村・沢岻村域の近世墓と水田跡分布調査』(浦添市教育委員会、一九九八年)

浦添市史編集委員会編『浦添市史　第二巻　資料編一　浦添の文献資料』（浦添市役所、一九八一年）
沖縄県沖縄史料編集所編『沖縄県史料　前近代一　首里王府仕置』（沖縄県教育委員会、一九八一年）
沖縄県警察部『沖縄県統計書』（沖縄県警察部、一九一一年）
沖縄県編『沖縄県統計書』（沖縄県、一九三三年）
沖縄県立芸術大学附属研究所編『鎌倉芳太郎資料集（ノート篇）第四巻　雑纂篇』（沖縄県立芸術大学附属研究所、二〇一六年）
沖縄県立図書館史料編集室編『沖縄県史料　前近代六　首里王府仕置二』（沖縄県教育委員会、一九八九年）
小野武夫編『近世地方経済史料　第一〇巻』（吉川弘文館、一九六九年）
鹿児島県歴史資料センター黎明館編『鹿児島県史料　旧記雑録後編四』（鹿児島県、一九八三年）
喜田川守貞『近世風俗志（守貞謾稿）（三）』（岩波書店、一九九九年）
宜野湾市史編集委員会編『宜野湾市史　第四巻　資料編三』（宜野湾市、一九八五年）
球陽研究会編『沖縄文化史料集成五　球陽　読み下し編』（角川書店、一九七四年）
熊本県立図書館所蔵『相良家史料』第三二・三八巻
熊本女子大学郷土文化研究所編『熊本県史料集成一四　人吉藩の政治と生活』（国書刊行会、一九八五年）
ケンペル『江戸参府旅行日記』（平凡社、一九七七年）
崎浜秀明編著『蔡温全集』（本邦書籍、一九八四年）
首里王府編著『訳注　中山世鑑』（榕樹書林、二〇一一年）
多良木町教育委員会所蔵『黒肥地村明細記』

多良間村史編集委員会編『多良間村史　第二巻　資料編一』(多良間村、一九八六年)
名護市教育委員会文化課市史編さん係編『名護市史　資料編五　文献資料集一　羽地大川修補日記』(名護市役所、二〇〇三年)
名護市史編さん委員会編『名護市史　資料編一　近代歴史統計資料集』(名護市役所、一九八一年)
那覇市企画部市史編集室編『那覇市史　資料篇第三巻七』(那覇市企画部市史編集室、一九八一年)
原田禹雄訳注『新井白石　南島志　現代語訳』(榕樹社、一九九六年)
原田禹雄訳注『蔡鐸本　中山世譜　現代語訳』(榕樹書林、一九九八年)
原田禹雄訳注『陳侃　使琉球録』(榕樹社、一九九五年)
人吉市図書館所蔵『熊風土記』巻之五・七
ベイジル・ホール『朝鮮・琉球航海記』(岩波書店、一九八六年)
増田昭子編『沖縄物産志』(平凡社、二〇一五年)
琉球王国評定所文書編集委員会編『琉球王国評定所文書　第五・九・一六巻』(浦添市教育委員会、一九九〇・一九九三・二〇〇〇年)
琉球政府編『沖縄県史二一　資料編一一　旧慣調査資料』(国書刊行会、一九六八年)
琉球大学附属図書館所蔵仲原善忠文庫『薩琉往復文書集　琉球館文書』一・四
『新崎寛直を語る　子どもたちのために』(新崎千代、一九八四年)
『浦添市文化財調査研究報告書第二五集　伊祖の入め御拝領墓の厨子甕と被葬者』(浦添市教育委員会、一九九七年)

『日本農書全集　第三四巻』(農山漁村文化協会、一九八三年)
『ペルリ提督日本遠征記(一)(二)(三)(四)』(岩波書店、一九四八・一九五三・一九五五年)

＊　沖縄からの疎開の調査にあたっては、下記のみなさんからご協力を賜った(敬称略)。ここに記して感謝したい。
安次富長昭、新川貞子、新城安哲、粟谷雅之(熊本県立多良木高等学校)、岩木照子、大石堅、大里美寿子、勝枝志美子・勝枝之総(寿泉寺)、神里直子、亀山哲馬、狩俣弘子、源島洋子、島田照子、永谷欣子、比嘉栄、東京、東キヨ子、深水トモ子、福田譲、普久原典子、堀内堅一(柳屋旅館)、真栄平房昭、松尾晋一、松田宏、松本朝顕(延寿寺)、村井信隆(栄立寺)、吉田チズ

図版一覧

図序－1　浦添ようどれ（沖縄県浦添市）
図序－2　尚真　（出典）鎌倉芳太郎『沖縄文化の遺宝』（岩波書店、一九八二年）
図序－3　玉城朝薫　（出典）『琉球中山王両使者登城行列』（部分）（国立公文書館No.一七八―〇六七八）
図序－4　進貢船　（出典）『琉球交易港図屏風』（部分）（写真提供・所蔵　浦添市美術館）
図1－1　仲間樋川（沖縄県浦添市）
図1－2　年貢の納入　（出典）石垣市立八重山博物館所蔵『八重山蔵元絵師画稿集』（部分）
図1－3　亀甲墓　（出典）ラブ・オーシュリ／上原正稔編著『青い目が見た大琉球』（ニライ社、一九八七年）
図1－4　琉球近世型生態系の概念図
図2－1　青蓮寺阿弥陀堂（熊本県多良木町）
図2－2　茶摘み　（出典）熊本県あさぎり町教育委員会所蔵（提供）
図2－3　製茶　（出典）熊本県あさぎり町教育委員会所蔵（提供）

図3－1　久米島上江洲家の伝世木簡　（出典）久米島博物館収蔵上江洲家文書
図3－2　茶売り　（出典）『沖縄風俗絵巻』（部分）（写真提供・所蔵　熊本大学附属図書館）
図3－3　陶器売り　（出典）『沖縄風俗絵巻』（部分）（写真提供・所蔵　熊本大学附属図書館）
図3－4　那覇の市場　（出典）ラブ・オーシュリ／上原正稔編著『青い目が見た大琉球』（ニライ社、一九八七年）
図3－5　前田・経塚近世墓群（沖縄県浦添市）　（出典）浦添市教育委員会所蔵（提供）
図終－1　刈茶製法場の図　（出典）『日本農書全集　第一四巻』（農山漁村文化協会、一九七八年）
図終－2　「諸国産物見立相撲」　（出典）青木美智男編『決定版　番付集成』（柏書房、二〇〇九年）
図終－3　受水走水（沖縄県南城市）
図終－4　琉球の農夫　（出典）『ペルリ提督日本遠征記（二）』（岩波書店、一九四八年）

あとがき

琉球史研究を沖縄のアイデンティティの領域にのみ閉じこめてしまうのではなく、日本史像や東アジア史像再構成のための普遍的表現にまで絶えず高めていかなければならない。

（高良倉吉『琉球王国』）

本書は、日本近世史の研究者が執筆した琉球史といえよう。琉球史をとおして、日本史像を再構成するための普遍的表現にまで高められたかどうかは心もとない。それは読者のみなさんの判断に委ねるしかない。とにかく、本書の執筆にあたっては、次の二点に重きをおいた。

ひとつは、〝地域性〟である。「沖縄では……」という発言をよく耳にする。しかし、その沖縄といえば首里や那覇だけではなく、久米島や石垣島などバラエティに富む個々の地域がある。それぞれの地域がもつ個性から目をそらし、ただ「沖縄では……」とひとくくりに表現されていることに、常々疑問をいだいていた。だからこそ本書では、まず浦添というフィールドに焦点をあわせ、その〝地域性〟をとおして琉球史の全体像を描いたつもりでいる。

もうひとつは、〝庶民の姿〟である。琉球史を描くのであれば、首里王府の華々しい政治や外交をとらえていくのが常道であろう。現在において、その王府に匹敵するものが何かといえば、近い存在としては沖縄県庁があげられよう。はたして県庁をとらえれば、沖縄のすべてを理解できるのかといえば、それは違う。

沖縄全体を理解するためには、まずはなによりも、県民のみなさん一人ひとりの声を少しでも拾っていくことが欠かせない。だからこそ、あえて本書では、近世琉球をとらえるにあたって、〝庶民の姿〟に光をあてたのだ。時折メディアをとおして、日本本土は沖縄県民の声を聞いてくれないと嘆く方を目にする。そういう歯がゆい思いをする県民のみなさんにとって、自分たちが歩んできた歴史を知り、将来を考えるにあたって、ほんのわずかでも本書が役に立つことがあったとしたら、筆者としては望外の喜びである。

さて、本書の原点は、薩摩の琉球侵攻からちょうど四〇〇年の節目の二〇〇九年に、宮城学院女子大学附属キリスト教文化研究所の公開講演会「薩摩の琉球入り四〇〇年」で講演をし、「茶と琉球人」(『沖縄研究ノート』一九、二〇一〇年)という小文を発表したことにある。それからの私は、歴史教育の面では、地域貢献を果たしてきたつもりでいる。けれども、こと歴史学の面では、沖縄では外国史ともいえる日本近世史の研究に打ちこんだ。よって、本書を執筆することは想定もしていなかったが、ある事実を知ったことが背中を強く押してくれた。

その事実とは、「はじめに」と「おわりに」で紹介した球磨地方への疎開者のことをさす。生活している沖縄と故郷の球磨地方で、聞き取り調査をおこなった。その時、疎開そのものの事実も知ってほしい、そして二度と戦争を起こしてはならないという熱い訴えが心に響いた。私には、それを〝知ってしまった責任〟があるように思えた。

生まれ島を離れて、本土のなかで、なぜ球磨地方という山奥へ疎開しなければならなかったのか、当時は腑に落ちなかったのではなかろうか。それでも、かつて沖縄と球磨地方とが、茶というモノをとおして交流があったことを知れば、あれから七〇年以上がたった今だからこそ、疎開した方も、それを受け入れた方も、疎開という史実を少しは前向きに受けとめていただけるのかもしれない。そういう想いが、本書執筆の動機となったことを告白しておこう。聞き取り調査でお世話になったみなさんに、本書をいち早くお届けしたい。

とはいえ、琉球史について門外漢である私が、ひとりの力で本書を執筆することなど無理であった。それでもなんとか擱筆できたのは、所属している琉球大学の津波高志、高良倉吉、山里純一、池田榮史、豊見山和行、真栄平房昭、萩原左人、後藤雅彦、石崎博志、神谷智昭の各先生から、ご助言やご協力をいただいたからだ。琉球大学近世史ゼミナールの学生や卒業生にも、本書の草稿を読んでもらい、いろいろな意見を交わした。さらに資料調査・掲載の面では、下記の機関・関係者にご高配を賜った。ここに記して感謝したい。

あさぎり町教育委員会・天草市立本渡歴史民俗資料館・石垣市立八重山博物館・上江洲智一・浦添市教育委員会文化課・浦添市美術館・浦添市立図書館沖縄学研究室・熊本県立多良木高等学校・熊本県立図書館・熊本大学附属図書館・久米島博物館・国立公文書館・国立台湾図書館・多良木町教育委員会・南城市仲村渠祭祀委員会・人吉市図書館

大学時代の恩師から、歴史学と歴史教育は両立すべきであるということを学んだ。本書の刊行をもってして、ようやく私は歴史学と歴史教育を両立させて、沖縄で地域貢献ができたことになろうか。いつかこの島を離れる日まで、これまでと同じように、これからもゼミ生のみなさんと一緒に、次の一文を問い続けていきたい。

なぜ沖縄で琉球史ではなく日本近世史を研究するのか――。

二〇一七年一〇月一日　沖縄での暮らしが一〇年目を迎えた日に

武井弘一

武井弘一

1971年，熊本県人吉市生まれ．

琉球大学法文学部准教授．

東京学芸大学大学院修士課程修了．専門は日本近世史，とくに江戸時代の村社会と自然環境の研究．

2016年，『江戸日本の転換点』で第4回河合隼雄学芸賞受賞．

著書―『江戸日本の転換点――水田の激増は何をもたらしたか』(NHK出版，2015年)

『鉄砲を手放さなかった百姓たち――刀狩りから幕末まで』(朝日新聞出版，2010年) など

茶と琉球人　岩波新書(新赤版)1700

2018年1月19日　第1刷発行

著　者　武井弘一《たけいこういち》

発行者　岡本　厚

発行所　株式会社 岩波書店
〒101-8002 東京都千代田区一ツ橋2-5-5
案内 03-5210-4000　営業部 03-5210-4111
http://www.iwanami.co.jp/

新書編集部 03-5210-4054
http://www.iwanamishinsho.com/

印刷・精興社　カバー・半七印刷　製本・中永製本

ISBN 978-4-00-431700-5　Printed in Japan

岩波新書新赤版一〇〇〇点に際して

ひとつの時代が終わったと言われて久しい。だが、その先にいかなる時代を展望するのか、私たちはその輪郭すら描きえていない。二〇世紀から持ち越した課題の多くは、未だ解決の緒を見つけることのできないままであり、二一世紀が新たに招きよせた問題も少なくない。グローバル資本主義の浸透、憎悪の連鎖、暴力の応酬――世界は混沌として深い不安の只中にある。

現代社会においては変化が常態となり、速さと新しさに絶対的な価値が与えられた。消費社会の深化と情報技術の革命は、種々の境界を無くし、人々の生活やコミュニケーションの様式を根底から変容させてきた。ライフスタイルは多様化し、一面では個人の生き方をそれぞれが選びとる時代が始まっている。同時に、新たな格差が生まれ、様々な次元での亀裂や分断が深まっている。社会や歴史に対する意識が揺らぎ、普遍的な理念に対する根本的な懐疑や、現実を変えることへの無力感がひそかに根を張りつつある。そして生きることに誰もが困難を覚える時代が到来している。

しかし、日常生活のそれぞれの場で、自由と民主主義を獲得し実践することを通じて、私たち自身がそうした閉塞を乗り超え、希望の時代の幕開けを告げてゆくことは不可能ではあるまい。そのために、いま求められていること――それは、個と個の間で開かれた対話を積み重ねながら、人間らしく生きることの条件について一人ひとりが粘り強く思考することではないか。その営みの糧となるものが、教養に外ならないと私たちは考える。歴史とは何か、よく生きるとはいかなることか、世界そして人間はどこへ向かうべきなのか――こうした根源的な問いとの格闘が、文化と知の厚みを作り出し、個人と社会を支える基盤としての教養となった。まさにそのような教養への道案内こそ、岩波新書が創刊以来、追求してきたことである。

岩波新書は、日中戦争下の一九三八年一一月に赤版として創刊された。創刊の辞は、道義の精神に則らない日本の行動を憂慮し、批判的精神と良心的行動の欠如を戒めつつ、現代人の現代的教養を刊行の目的とする、と謳っている。以後、青版、黄版、新赤版と装いを改めながら、合計二五〇〇点余りを世に問うてきた。そして、いままた新赤版が一〇〇〇点を迎えたのを機に、人間の理性と良心への信頼を再確認し、それに裏打ちされた文化を培っていく決意を込めて、新しい装丁のもとに再出発したいと思う。一冊一冊から吹き出す新風が一人でも多くの読者の許に届くこと、そして希望ある時代への想像力を豊かにかき立てることを切に願う。

（二〇〇六年四月）

岩波新書より

日本史

- 鏡が語る古代史　岡村秀典
- 日本の近代とは何であったか　三谷太一郎
- 戦国と宗教　神田千里
- 古代出雲を歩く　平野芳英
- 自由民権運動〈デモクラシー〉の夢と挫折　松沢裕作
- 風土記の世界　三浦佑之
- 京都の歴史を歩く　小林丈広・高木博志・三枝暁子
- 蘇我氏の古代　吉村武彦
- 昭和史のかたち　保阪正康
- 「昭和天皇実録」を読む　原武史
- 生きて帰ってきた男　小熊英二
- 遺骨　戦没者三一〇万人の戦後史　栗原俊雄
- 在日朝鮮人　歴史と現在　水野直樹・文京洙
- 京都〈千年の都〉の歴史　高橋昌明
- 唐物の文化史　河添房江
- 小林一茶　時代を詠んだ俳諧師　青木美智男
- 信長の城　千田嘉博
- 出雲と大和　村井康彦
- 女帝の古代日本　吉村武彦
- 秀吉の朝鮮侵略と民衆　北島万次
- コロニアリズムと文化財　荒井信一
- 特高警察　荻野富士夫
- 朝鮮人強制連行　外村大
- 勝海舟と西郷隆盛　松浦玲
- 古代国家はいつ成立したか　都出比呂志
- 渋沢栄一　社会企業家の先駆者　島田昌和
- 前方後円墳の世界　広瀬和雄
- 木簡から古代がみえる　木簡学会編
- 中世民衆の世界　藤木久志
- 中国侵略の証言者たち　岡部牧夫・荻野富士夫・吉田裕編
- 漆の文化史　四柳嘉章
- 法隆寺を歩く　上原和
- 平家の群像　物語から史実へ　高橋昌明
- シベリア抑留　栗原俊雄
- アマテラスの誕生　溝口睦子
- 中国残留邦人　井出孫六
- 証言　沖縄「集団自決」　謝花直美
- 幕末の大奥　天璋院と薩摩藩　畑尚子
- 遣唐使　東野治之
- 戦艦大和　生還者たちの証言から　栗原俊雄
- 金・銀・銅の日本史　村上隆
- 中世日本の予言書　小峯和明
- 沖縄現代史〔新版〕　新崎盛暉
- 刀狩り　藤木久志
- 戦後史　中村政則
- 明治デモクラシー　坂野潤治
- 環境考古学への招待　松井章
- 日本人の歴史意識　阿部謹也
- 明治維新と西洋文明　田中彰
- 新選組　松浦玲

岩波新書より

書名	著者
歌舞伎以前	林屋辰三郎
京　都	林屋辰三郎
日本の歴史 中	井上　清
天皇の祭祀	村上重良
沖縄のこころ	大田昌秀
ひとり暮しの戦後史	塩沢美代子・島田とみ子
伝　説	柳田国男
岩波新書で「戦後」をよむ	小森陽一・成田龍一・本田由紀
岩波新書の歴史 付・総目録 1938-2006	鹿野政直
シリーズ日本近世史	
戦国乱世から太平の世へ	藤井讓治
村 百姓たちの近世	水本邦彦
天下泰平の時代	高埜利彦
都　市 江戸に生きる	吉田伸之
幕末から維新へ	藤田　覚
シリーズ日本古代史	
農耕社会の成立	石川日出志
ヤマト王権	吉村武彦
飛鳥の都	吉川真司
平城京の時代	坂上康俊
平安京遷都	川尻秋生
摂関政治	古瀬奈津子
シリーズ日本近現代史	
幕末・維新	井上勝生
民権と憲法	牧原憲夫
日清・日露戦争	原田敬一
大正デモクラシー	成田龍一
満州事変から日中戦争へ	加藤陽子
アジア・太平洋戦争	吉田　裕
占領と改革	雨宮昭一
高度成長	武田晴人
ポスト戦後社会	吉見俊哉
日本の近現代史をどう見るか	岩波新書編集部編
シリーズ日本中世史	
中世社会のはじまり	五味文彦
鎌倉幕府と朝廷	近藤成一
室町幕府と地方の社会	榎原雅治
分裂から天下統一へ	村井章介

(2017.8)　(N3)